Imagine Infinite!

창의영재수학

아이앤아이

영재들의 수학여행

Math Travel

입문 초등 1~3학년

C 측정 태국편

창의영재수학

아이앤아이

영재들의 수학여행

Math Travel

01 수학 여행 테마로 수학 사고력 활동을 자연스럽게 이어갈 수 있도록 하였습니다.

02 키즈 - 입문 - 초급 - 중급 - 고급으로 이어지는 단계별 창의 영재 수학 학습 시리즈입니다.

03 각 챕터마다 기초 - 심화 - 응용의 문제 배치로 쉬운 것부터 차근차근 문제해결력을 향상시킵니다.

04 각종 수학 사고력, 창의력 문제, 지능검사 문제, 대회 기출 문제 등을 체계적으로 정밀하게 다듬어 정리하였습니다.

05 과학, 음악, 미술, 영화, 스포츠 등에 관련된 융합형(STEAM) 수학 문제를 흥미롭게 다루었습니다.

06 보충학습/과제는 워크북(G)을 활용하세요.

창의영재가 되어볼까?

교재 구성

키즈 (6세 7세 초1)	A (수)	B(연산)	C(도형)	D (측정)	E (규칙)	F (문제해결력)	G (워크북)
	수와 숫자 수 비교하기 수 규칙 수 퍼즐	가르기와 모으기 덧셈과 뺄셈 식 만들기 연산 퍼즐	평면도형 입체도형 위치와 방향 도형 퍼즐	길이와 무게 비교 넓이와 들이 비교 시계와 시간 부분과 전체	패턴 이중 패턴 관계 규칙 여러 가지 규칙	모든 경우 구하기 분류하기 표와 그래프 추론하기	수 연산 도형 측정 규칙 문제해결력

입문 (초1~3)	A(수와 연산)	B(도형)	C(측정)	D (규칙)	E (자료와 가능성)	F (문제해결력)	G (워크북)
	수와 숫자 조건에 맞는 수 수의 크기 비교 합과 차 식 만들기 벌레 먹은 셈	평면도형 입체도형 모양 찾기 도형 나누기와 움직이기 쌓기나무	길이 비교 길이 재기 넓이와 들이 비교 무게 비교 시계와 달력	수 규칙 여러 가지 패턴 수 배열표 암호 새로운 연산 기호	경우의 수 리그와 토너먼트 분류하기 그림 그려 해결하기 표와 그래프	문제 만들기 주고 받기 어떤 수 구하기 재치있게 풀기 추론하기 미로와 퍼즐	수와 연산 도형 측정 규칙 자료와 가능성 문제해결력

초급 (초3~5)	A(수와 연산)	B(도형)	C(측정)	D (규칙)	E (자료와 가능성)	F (문제해결력)
	수 만들기 수와 숫자의 개수 연속하는 자연수 가장 크게, 가장 작게 도형이 나타내는 수 마방진	색종이 접어 자르기 도형 붙이기 도형의 개수 쌓기나무 주사위	길이와 무게 재기 시간과 들이 재기 덮기와 넓이 도형의 둘레 원	수 패턴 도형 패턴 수 배열표 새로운 연산 기호 규칙 찾아 해결하기	가짓수 구하기 리그와 토너먼트 금액 만들기 가장 빠른 길 찾기 표와 그래프(평균)	한붓 그리기 논리 추리 성냥개비 다른 방법으로 풀기 간격 문제 배수의 활용

중급 (초4~6)	A(수와 연산)	B(도형)	C(측정)	D (규칙)	E (자료와 가능성)	F (문제해결력)
	복면산 수와 숫자의 개수 연속하는 자연수 수와 식 만들기 크기가 같은 분수 여러 가지 마방진	도형 나누기 도형 붙이기 도형의 개수 기하판 정육면체	수직과 평행 다각형의 각도 접기와 각 붙여 만든 도형 단위 넓이의 활용	규칙성 찾기 도형과 연산의 규칙 규칙 찾아 개수 세기 교점과 영역 개수 수 배열의 규칙	경우의 수 비둘기집 원리 최단 거리 만들 수 있는, 없는 수 평균	논리 추리 님 게임 강 건너기 창의적으로 생각하기 효율적으로 생각하기 나머지 문제

고급 (초6~중등)	A(수와 연산)	B(도형)	C(측정)	D (규칙)	E (자료와 가능성)	F (문제해결력)
	연속하는 자연수 배수 판정법 여러 가지 진법 계산식에 써넣기 조건에 맞는 수 끝수와 숫자의 개수	입체도형의 성질 쌓기나무 도형 나누기 평면도형의 활용 입체도형의 부피, 겉넓이	시계와 각도 평면도형의 활용 도형의 넓이 거리, 속력, 시간 도형의 회전 그래프 이용하기	암호 해독하기 여러 가지 규칙 여러 가지 수열 연산 기호 규칙 도형에서의 규칙	경우의 수 비둘기집 원리 입체도형에서의 경로 영역 구분하기 확률	홀수와 짝수 조건 분석하기 다른 질량 찾기 뉴튼산 작업 능률

책의 구성과 활용

단원들어가기

키가 길다?
키가 크다?
1. 길이 비교
태국 첫째 날 DAY 1

친구들의 수학여행(Math Travel)과 함께 단원이 시작됩니다. 여행지에서 수학문제를 발견하고 창의적으로 해결해 나갑니다.

아이앤아이 수학여행 친구들

전 세계 곳곳의 수학 관련 문제들을 풀며 함께 세계여행을 떠날 친구들을 소개할게요!

무우

팀의 맏리더. 행동파 리더.

에너지 넘치는 자신감과 무한 긍정으로 팀원에게 격려와 응원을 아끼지 않는 팀의 맏형, 솔선수범하는 믿음직한 해결사예요.

상상

팀의 챙김이 언니, 아이디어 뱅크.

감수성이 풍부하고 공감력이 뛰어나 동생들의 고민을 경청하고 챙겨주는 맏언니예요.

알알

진지하고 생각많은 똑똑이 알알이.

겁 많고 부끄럼 많고 소심하지만 관찰력이 뛰어나고 생각 깊은 아이에요. 야무진 성격을 보여주는 알밤머리와 주근깨 가득한 통통한 볼이 특징이에요.

제이

궁금한게 많은 막내 엉뚱이 제이.

엉뚱한 질문이나 행동으로 상대방에게 웃음을 주어요. 주위의 것을 놓치고 싶지 않은 장난기가 가득한 매력덩어리입니다.

단원살펴보기

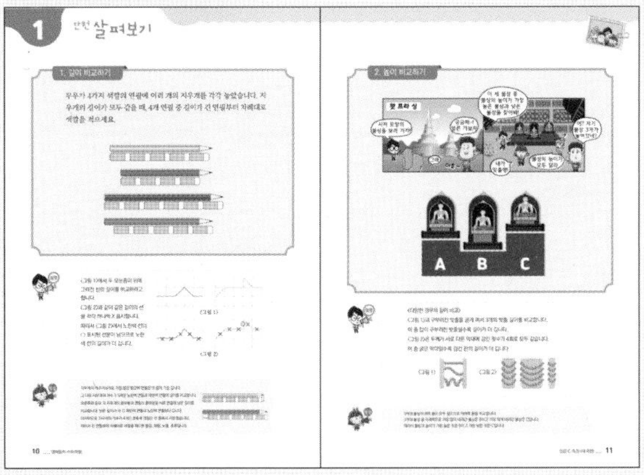

단원의 주제되는 내용을 정리하고 '궁금해요' 문제를 풀어봅니다.

대표문제

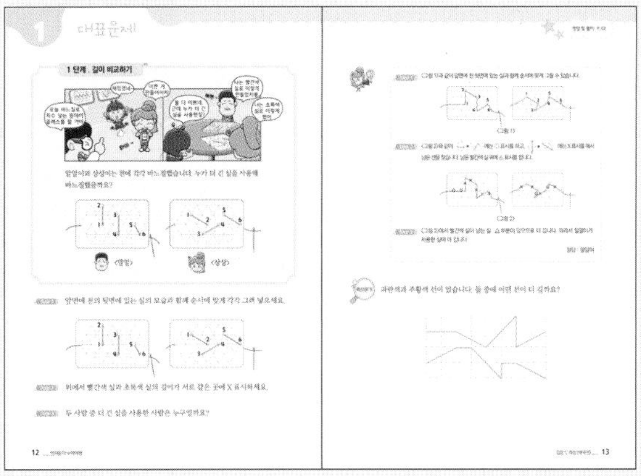

대표되는 문제를 단계적으로 해결하고 '확인하기' 문제를 풀어봅니다.

연습문제

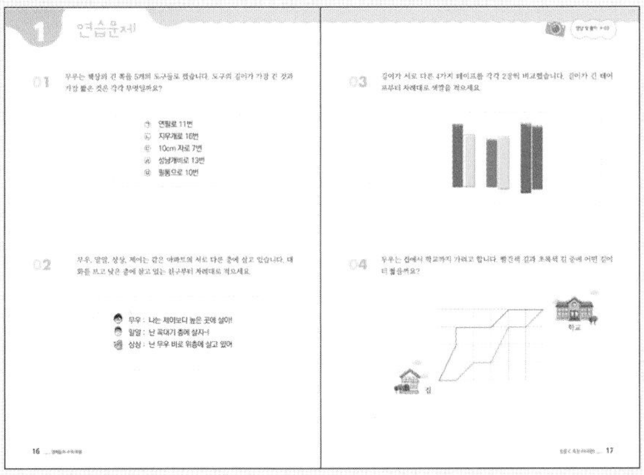

단원살펴보기 및 대표문제에서 익힌 내용을 알차게 구성된 사고력 문제를 통해 점검하며 주제에 대한 탄탄한 기본기를 다집니다.

심화문제

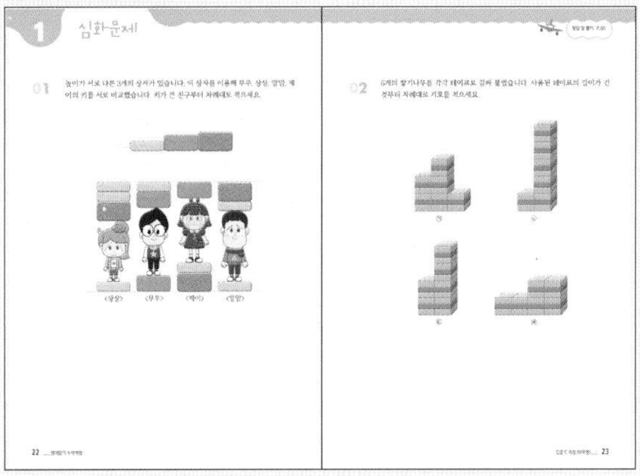

단원에 관련된 문제의 이해와 응용력을 바탕으로 창의적 문제 해결력을 기릅니다.

창의적문제해결수학

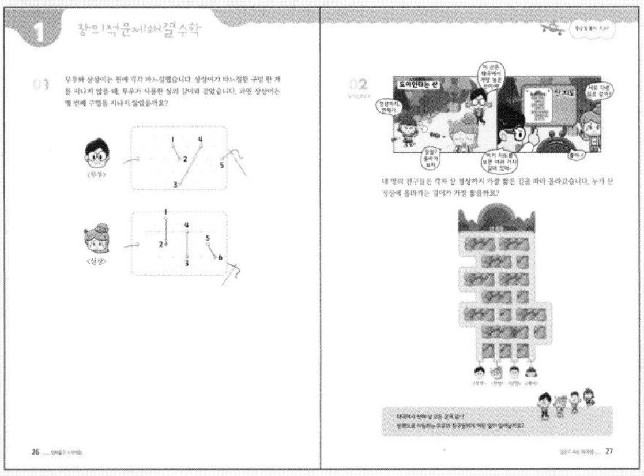

창의력 응용문제, 융합문제를 풀며 해당 단원 문제에 자신감을 가집니다.

정답 및 풀이

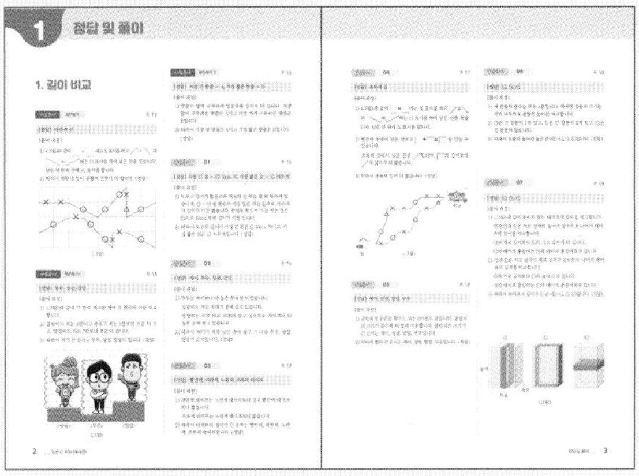

상세한 풀이과정과 함께 수학적 사고력을 완성합니다.

활동북 활동북이 표시된 문제는 활동북으로 가서 직접 문제를 풉니다.

차례
CONTENTS

키가 길다?
키가 크다?

길다? 크다?

저기 모델 2명이 있네. 누가 키가 더 커?
저기 남자 모델이 키가 더 크당.
흐음~
저기 모델 한 명이 더 왔어. 키를 한 번 비교해봐.
역시 남자 모델이 가장 키가 커!
그런데 길다는 왜 안 쓰는 거야? 키가 길 수도 있잖아?
두 사람의 키를 비교할 때, '더 크다', '더 작다' 라고 해.
엣헴~
우리 일상생활 속에서 키가 길다 라는 말을 잘 사용 안 해.
아하! 반대로 주로 키가 작다고 하지 키가 짧다고 하지 않는 것과 같구나.
아하!!

1. 길이 비교

치앙마이
여기는 치앙마이야~!
무슨 일이 일어날까?
분위기가 다르네
나이트 마켓
난 먹을거~
좋아~! 가서 기념품 사야지~!
후다닥
오늘 토요일 이니깐 토요 야시장 갈까?
오예
연필 4개 색깔별로 주세요
연필 한 자루 사면 여러 개 지우개가 서비스~
흐음
아까 산 연필과 지우개로 4개의 연필 길이를 비교해볼까?
4개의 연필의 길이가 서로 다르네?
후훗

치앙마이★
태국
Thailand

태국 첫째 날 DAY 1

무우와 친구들은 태국에 도착한 첫째 날, 치앙마이에 도착했어요. 치앙마이에 있는 <나이트 마켓>, <왓 프라 싱>, <왓 체디 루앙>, <도이인타논 산>을 여행할 예정이에요. 과연, <나이트 마켓>에서 어떤 일이 일어날까요?

1 단원 살펴보기

1. 길이 비교하기

무우가 4가지 색깔의 연필에 여러 개의 지우개를 각각 놓았습니다. 지우개의 길이가 모두 같을 때, 4개 연필 중 길이가 긴 연필부터 차례대로 색깔을 적으세요.

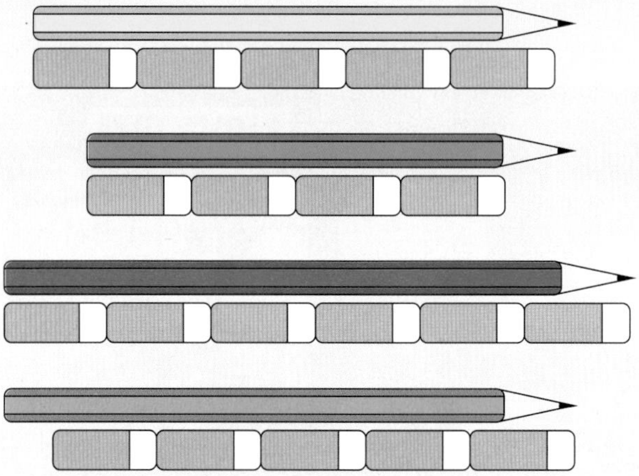

〈그림 1〉에서 두 모눈종이 위에 그려진 선의 길이를 비교하려고 합니다.
〈그림 2〉와 같이 같은 길이의 선을 각각 하나씩 X 표시합니다.
따라서 〈그림 2〉에서 노란색 선의 ○ 표시된 선분이 남으므로 노란색 선의 길이가 더 깁니다.

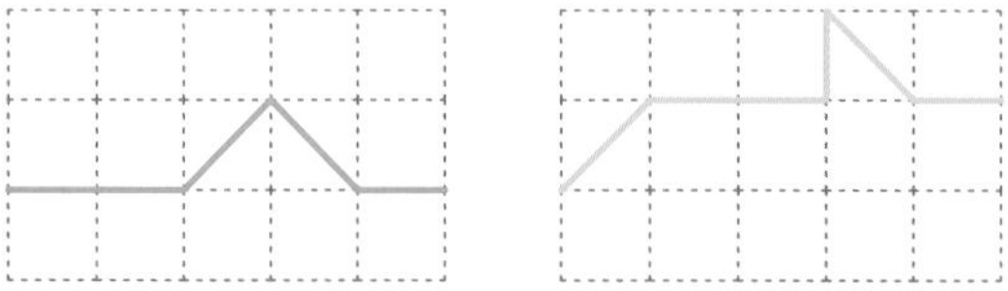

〈그림 1〉

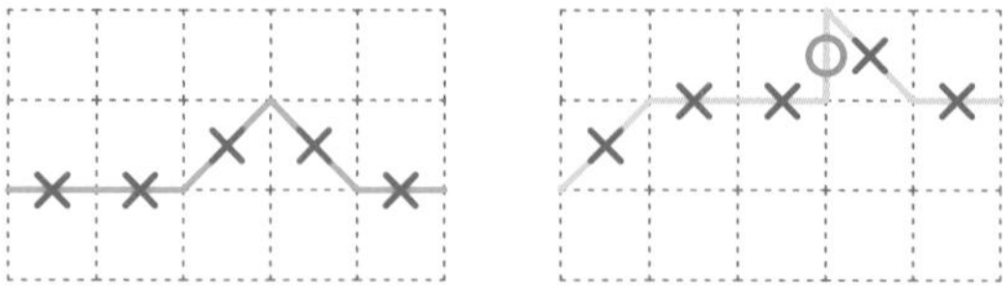

〈그림 2〉

지우개의 개수가 6개로 가장 많은 빨간색 연필은 넷 중에 가장 깁니다.
그 다음 지우개의 개수가 5개인 노란색 연필과 파란색 연필의 길이를 비교합니다.
오른쪽과 같이 각 지우개의 끝부분과 연필의 끝부분을 서로 연결해 남은 길이를 비교합니다. 남은 길이가 더 긴 파란색 연필이 노란색 연필보다 깁니다.
마지막으로 지우개의 개수가 4개인 초록색 연필은 넷 중에서 가장 짧습니다.
따라서 긴 연필부터 차례대로 색깔을 적으면 빨강, 파랑, 노랑, 초록입니다.

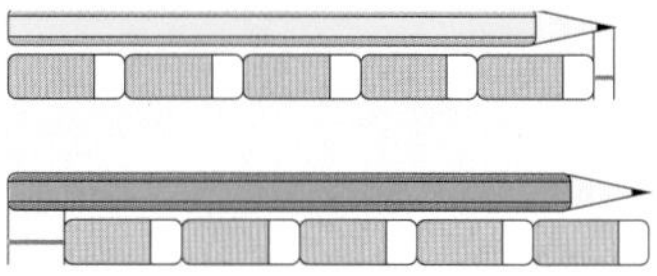

2. 높이 비교하기

왓 프라 싱
사자 모양의 불상을 보러 가자!
궁금해~! 얼른 가보자
그래
야호~
이 세 불상 중 불상의 높이가 가장 높은 불상과 낮은 불상을 찾아봐!
어? 저기 불상 3개가 놓여있네?
불상의 높이가 모두 달라
내가 맞출랭!

A
B
C

설명

〈다양한 경우의 길이 비교〉

〈그림 1〉의 구부러진 밧줄을 곧게 펴서 3개의 밧줄 길이를 비교합니다.

이 중 많이 구부러진 밧줄일수록 길이가 더 깁니다.

〈그림 2〉은 두께가 서로 다른 막대에 감긴 횟수가 4회로 모두 같습니다.

이 중 굵은 막대일수록 감긴 끈의 길이가 더 깁니다.

〈그림 1〉

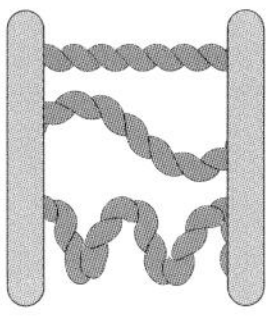

〈그림 2〉

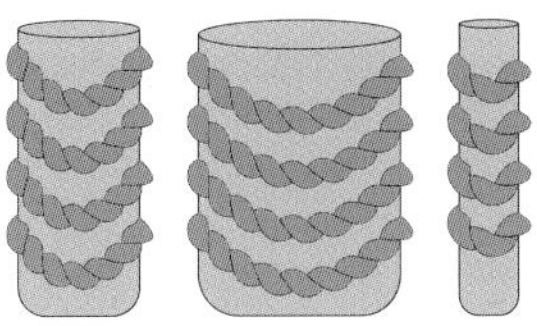

정답

3개의 불상의 위쪽 끝이 모두 같으므로 아래쪽 끝을 비교합니다.
3개의 불상 중 아래쪽으로 가장 많이 내려간 불상은 B이고 가장 적게 내려간 불상은 C입니다.
따라서 불상의 높이가 가장 높은 것은 B이고 가장 낮은 것은 C입니다.

1 대표문제

1 단계 . 길이 비교하기

오늘 바느질로 자수 넣는 원데이 클래스를 할 거야
재밌겠네~
이쁜 거 만들어야지
와아~
둘 다 이쁘네. 근데 누가 더 긴 실을 사용했징?
헤헷~
나는 빨간색 실로 이렇게 만들었지롱
나는 초록색 실로 이렇게 했어

알알이와 상상이는 천에 각각 바느질했습니다. 누가 더 긴 실을 사용해 바느질했을까요?

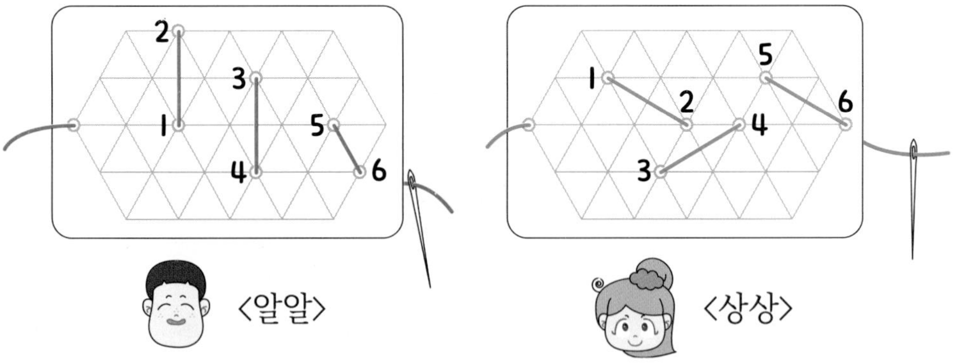
2
3
1
5
4
6
1
5
2
6
4
3

〈알알〉 〈상상〉

Step 1 앞면에 천의 뒷면에 있는 실의 모습과 함께 순서에 맞게 각각 그려 넣으세요.

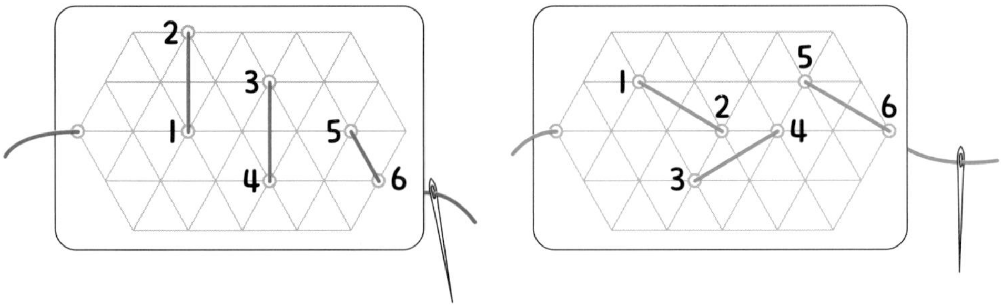
2
3
1
5
4
6
1
5
2
6
4
3

Step 2 위에서 빨간색 실과 초록색 실의 길이가 서로 같은 곳에 X 표시하세요.

Step 3 두 사람 중 더 긴 실을 사용한 사람은 누구일까요?

풀이

Step 1 〈그림 1〉과 같이 앞면에 천 뒷면에 있는 실과 함께 순서에 맞게 그릴 수 있습니다.

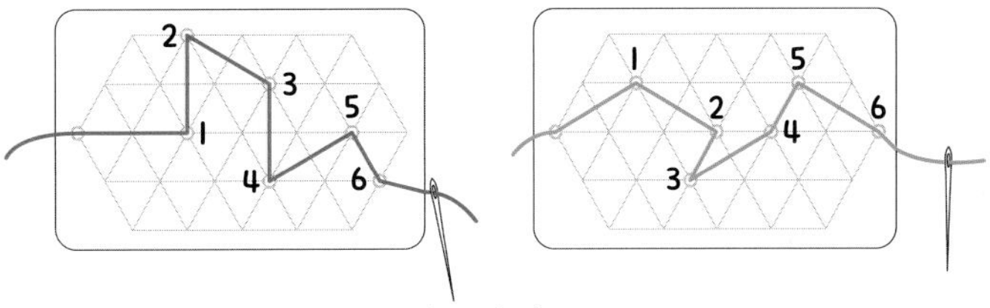

〈그림 1〉

Step 2 〈그림 2〉와 같이 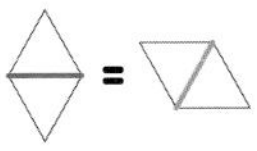 에는 ○ 표시를 하고, 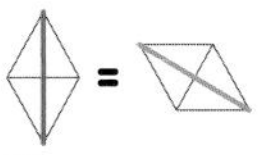 에는 X 표시를 해서 남은 선을 찾습니다. 남은 빨간색 실 위에 △ 표시를 합니다.

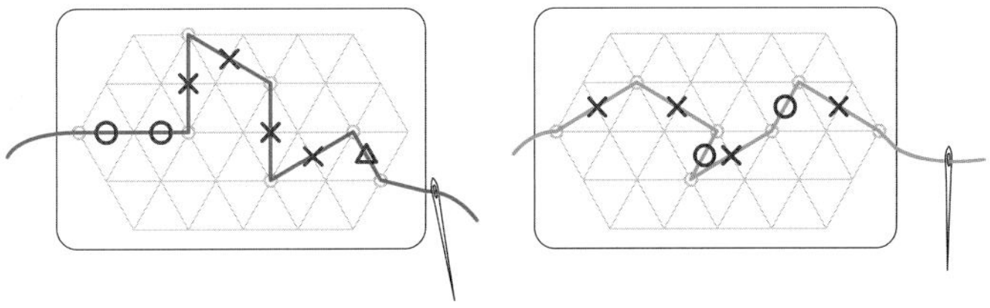

〈그림 2〉

Step 3 〈그림 2〉에서 빨간색 실이 남는 실 △ 부분이 있으므로 더 깁니다. 따라서 알알이가 사용한 실이 더 깁니다.

정답 : 알알이

확인하기 파란색과 주황색 선이 있습니다. 둘 중에 어떤 선이 더 길까요?

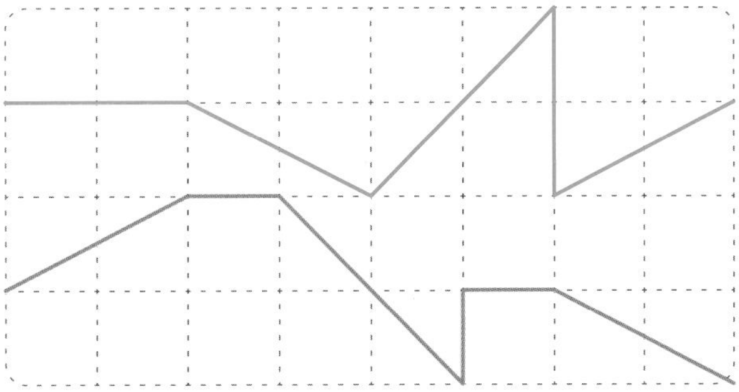

1 대표문제

2 단계 . 높이 비교하기

왓 체디 루앙
사원 안에 쌓기나무가 있네?
오잉?~
우리 이거 가지고 놀자!
얘들아~ 이거봐!!
짜잔~
헤헤~
내가 만든 것도 봐봐

네 명의 친구들은 각자 서로 다른 모양으로 쌓기나무를 쌓았습니다. 세 명의 대화를 통해 제이가 만든 쌓기나무 모양은 무엇일까요?

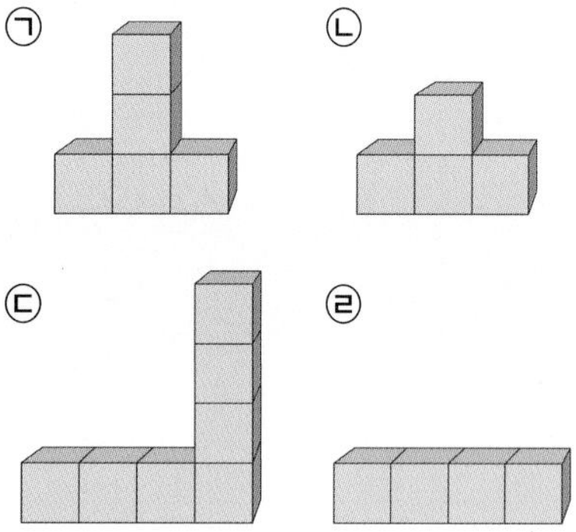
㉠
㉡
㉢
㉣

무우 : 나는 4개의 쌓기나무를 이용해서 쌓았어.

알알 : 하하! 넷 중에서 내 모양이 가장 높게 쌓였지~!

상상 : 우리 중에서 내 모양이 가장 낮게 쌓였네....

Step 1 아래 쌓기나무 중 4개의 쌓기나무를 이용해 만든 모양을 찾아 ○ 표시하세요.

Step 2 아래 쌓기나무 중 알알이와 상상이가 만든 모양을 각각 찾으세요.

Step 3 아래 쌓기나무 중 제이가 만든 모양은 무엇일까요?

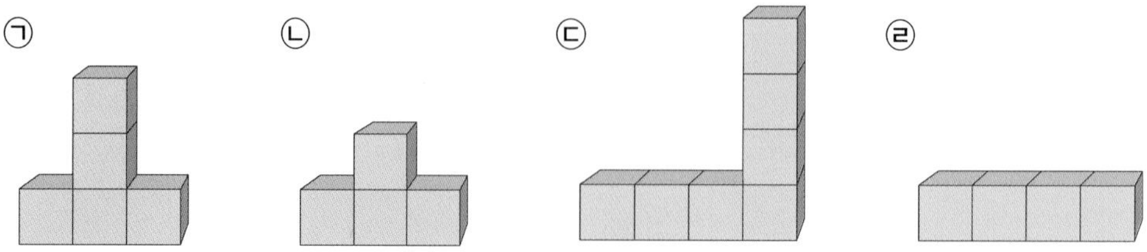
㉠
㉡
㉢
㉣

Step 1 4개의 쌓기나무로 쌓은 모양은 ㉡ 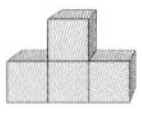 와 ㉣ 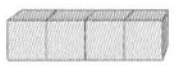 입니다. 두 모양에 ○ 표시 하면 됩니다.

Step 2 가장 높게 쌓은 모양은 ㉢ 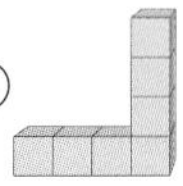 으로 4층을 쌓았습니다. 알알이가 쌓은 모양입니다.

가장 낮게 쌓은 모양은 ㉣ 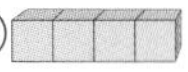 으로 1층만 쌓았습니다. 상상이가 쌓은 모양입니다.

Step 3 위 Step 2 를 통해 무우는 ㉡ 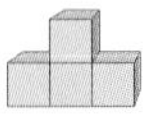 을 쌓았으므로 마지막에 남은 ㉠ 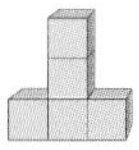 이 제이가 만든 모양입니다.

(정답) 제이가 만든 모양 : ㉠ 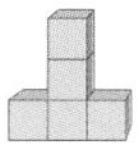

확인하기 1

무우, 상상, 알알이가 서 있습니다. 키가 큰 친구부터 순서대로 적으세요.

〈상상〉 〈무우〉 〈알알〉

확인하기 2

A, B, C 중 가장 긴 밧줄과 가장 짧은 밧줄을 찾으세요.

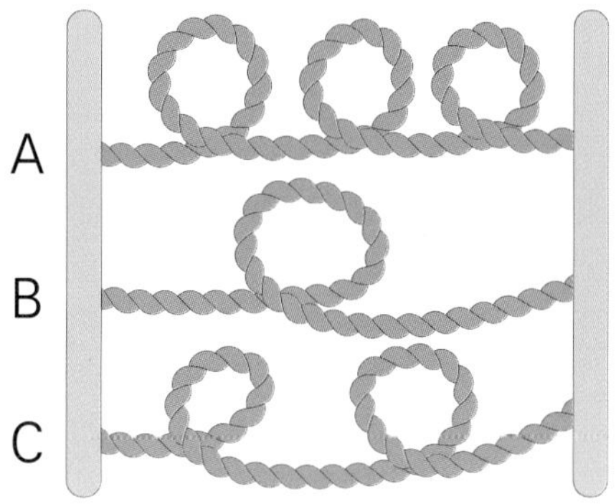

1 연습문제

01 무우는 책상의 긴 쪽을 5개의 도구들로 잿습니다. 도구의 길이가 가장 긴 것과 가장 짧은 것은 각각 무엇일까요?

㉠ 연필로 11번
㉡ 지우개로 16번
㉢ 10cm 자로 7번
㉣ 성냥개비로 13번
㉤ 필통으로 10번

02 무우, 알알, 상상, 제이는 같은 아파트의 서로 다른 층에 살고 있습니다. 대화를 보고 낮은 층에 살고 있는 친구부터 차례대로 적으세요.

무우 : 나는 제이보다 높은 곳에 살아!
알알 : 난 꼭대기 층에 살지~!
상상 : 난 무우 바로 위층에 살고 있어

03 길이가 서로 다른 4가지 테이프를 각각 2장씩 비교했습니다. 길이가 긴 테이프부터 차례대로 색깔을 적으세요.

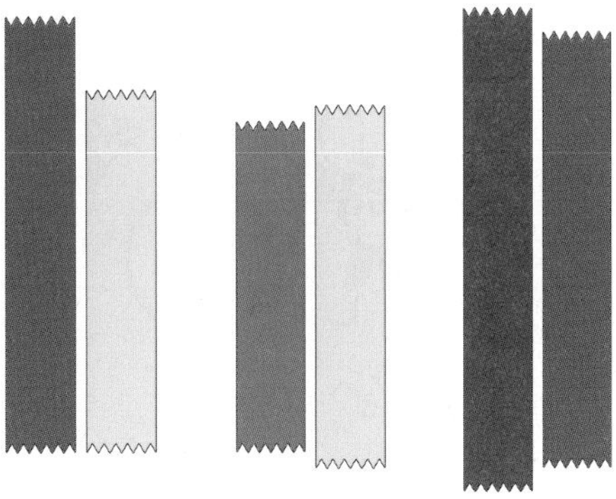

04 무우는 집에서 학교까지 가려고 합니다. 빨간색 길과 초록색 길 중에 어떤 길이 더 짧을까요?

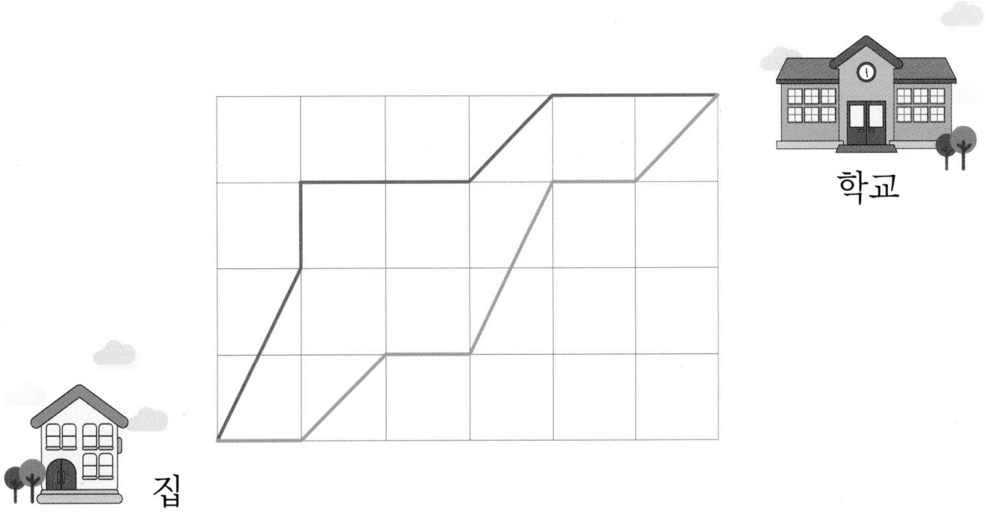

05 동일한 출발점에서 무우, 상상, 알알, 제이는 각자 굴렁쇠를 6바퀴씩 굴렸습니다. 멀리 간 사람부터 차례대로 적으세요.

06 높이가 서로 다른 세 건물의 층수는 모두 4층으로 똑같습니다. 건물의 높이가 높은 것부터 차례대로 기호를 적으세요.

07 크기가 같은 상자 3개를 각각 다른 방법으로 테이프로 감싸 붙였습니다. 사용된 테이프의 길이가 긴 것부터 차례대로 기호를 적으세요.

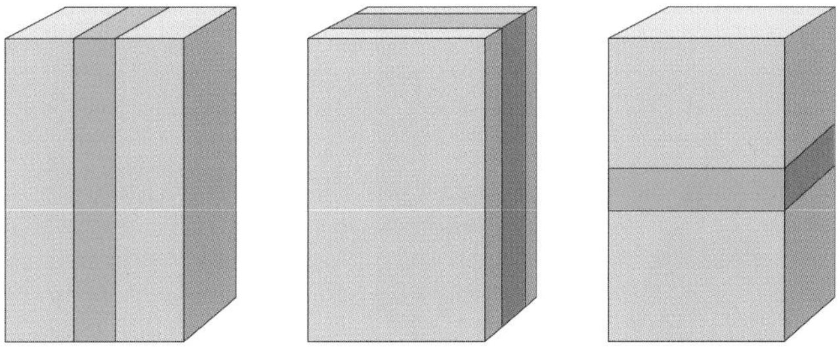

㉠ ㉡ ㉢

08 길이가 같은 나무 막대를 연못의 바닥에 닿을 때까지 넣었다가 뺐습니다. 연못의 깊은 곳에 넣은 막대부터 차례대로 적으세요. (단, 파란색은 물이 묻은 부분입니다.)

㉠

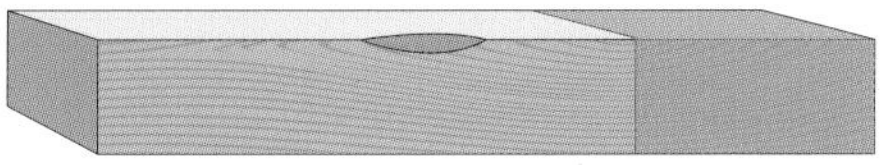

㉡

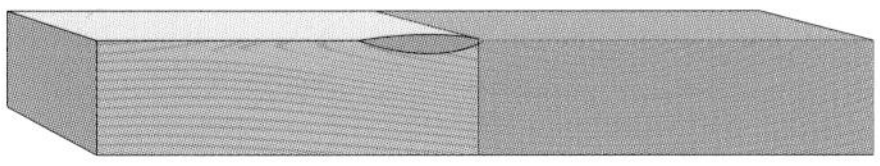

㉢

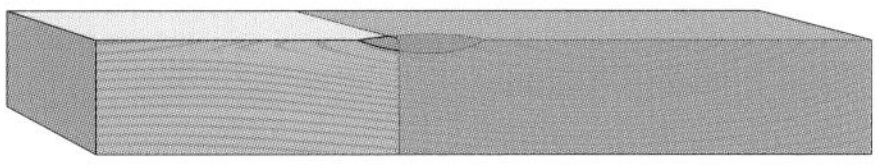

㉣

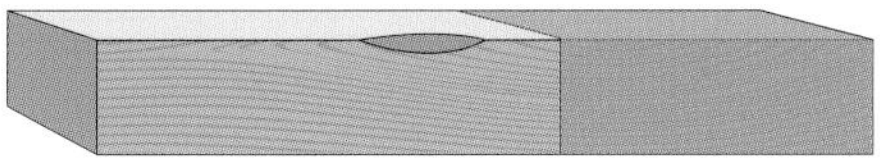

09 서로 다른 모양의 상자를 테이프로 감싸 붙였습니다. 사용된 테이프의 길이가 긴 것부터 차례대로 기호를 적으세요.

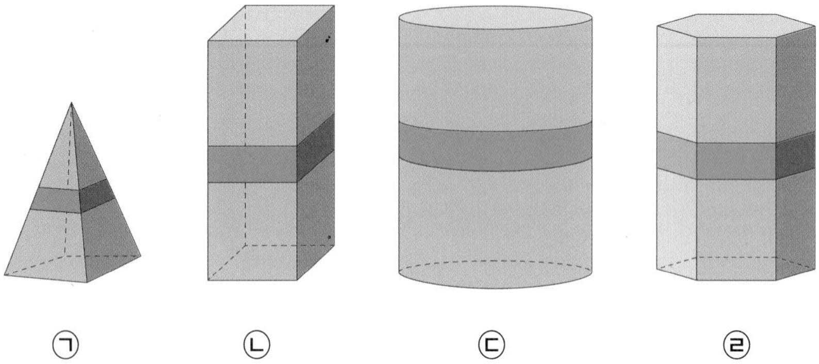

10 무우와 상상이는 천에 각각 바느질했습니다. 누가 더 짧은 실을 사용해 바느질했을까요?

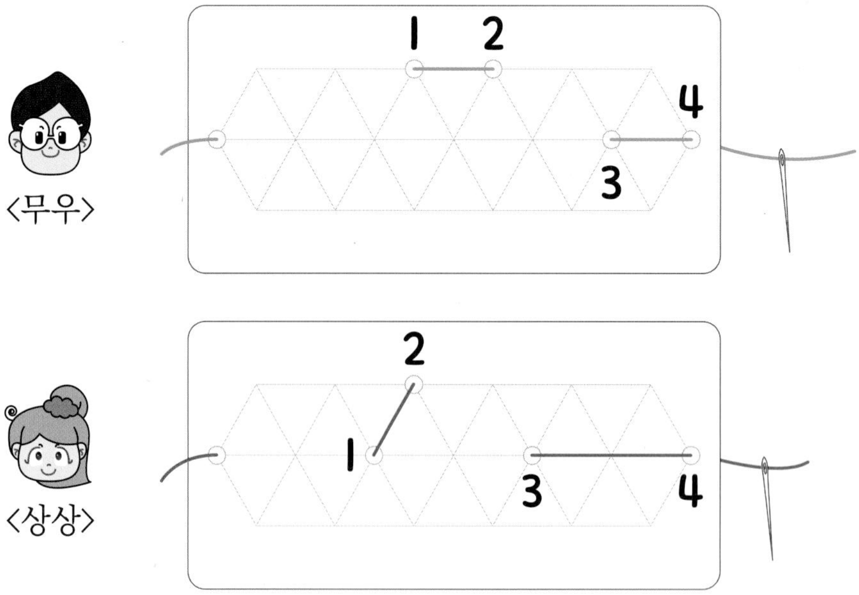

11

A 점부터 B 점까지 초록색 선으로 이었습니다. 선의 길이가 짧은 것부터 차례대로 기호를 적으세요.

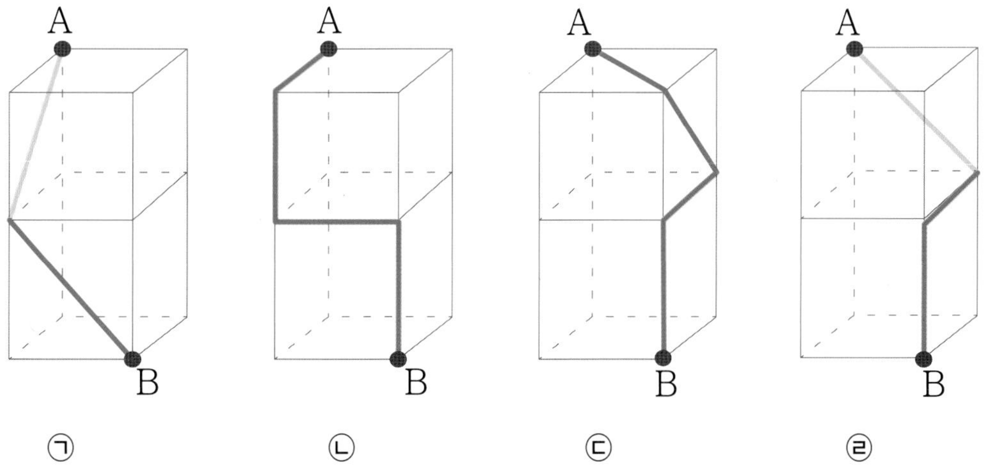

12

길이가 서로 다른 4개의 파란색 테이프가 있습니다. 긴 테이프부터 차례대로 기호를 적으세요.

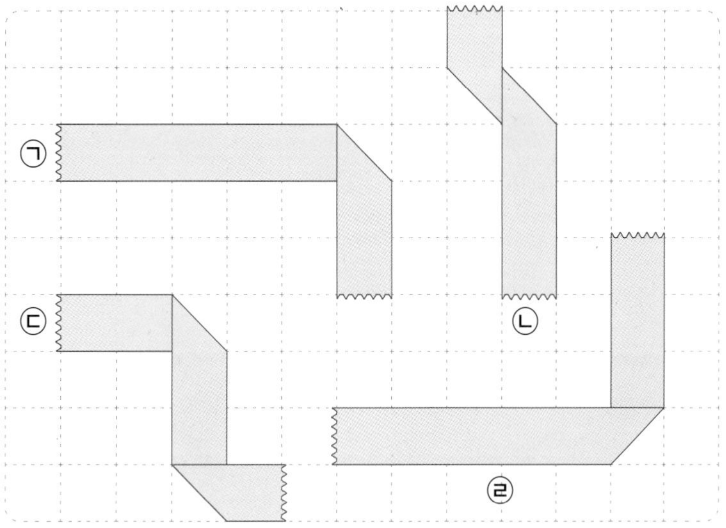

1 심화문제

01 높이가 서로 다른 3개의 상자가 있습니다. 이 상자를 이용해 무우, 상상, 알알, 제이의 키를 서로 비교했습니다. 키가 큰 친구부터 차례대로 적으세요.

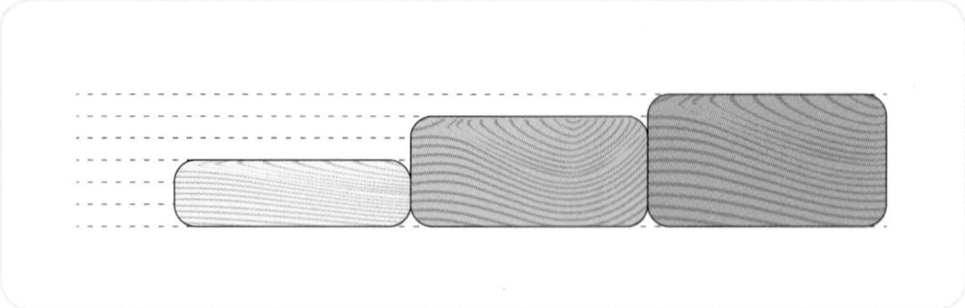

〈상상〉 〈무우〉 〈제이〉 〈알알〉

02 6개의 쌓기나무를 각각 테이프로 감싸 붙였습니다. 사용된 테이프의 길이가 긴 것부터 차례대로 기호를 적으세요.

㉠

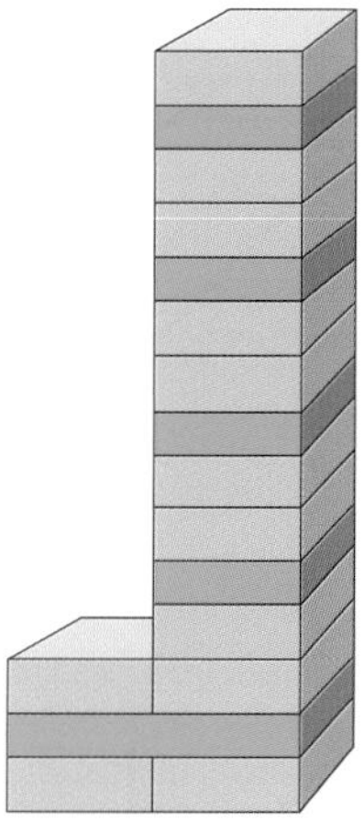

㉡

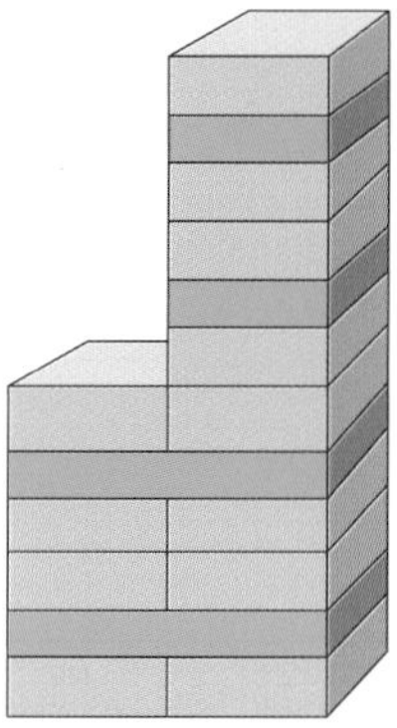

㉢

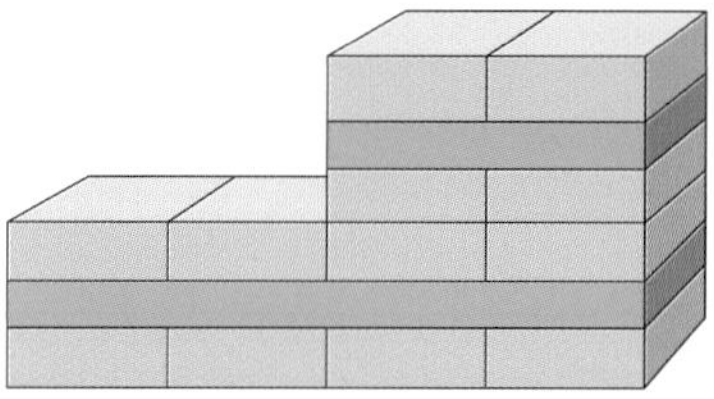

㉣

03 A점부터 B점까지 초록색 선으로 이어었습다. 선의 길이가 짧은 순서대로 기호를 적으세요.

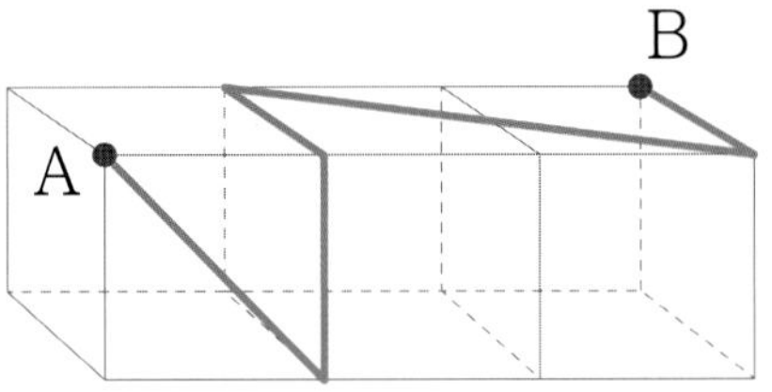

㉠

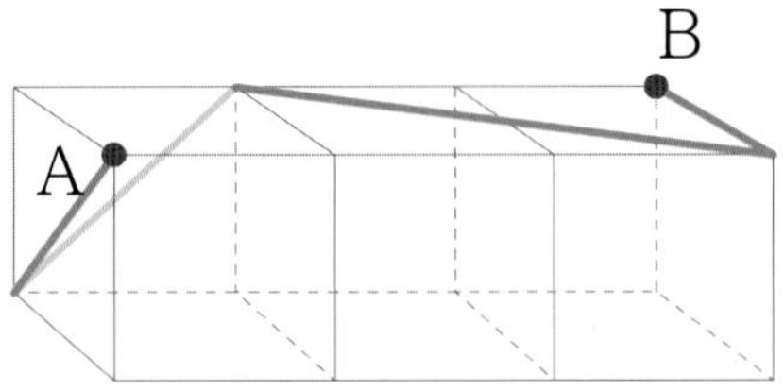

㉡

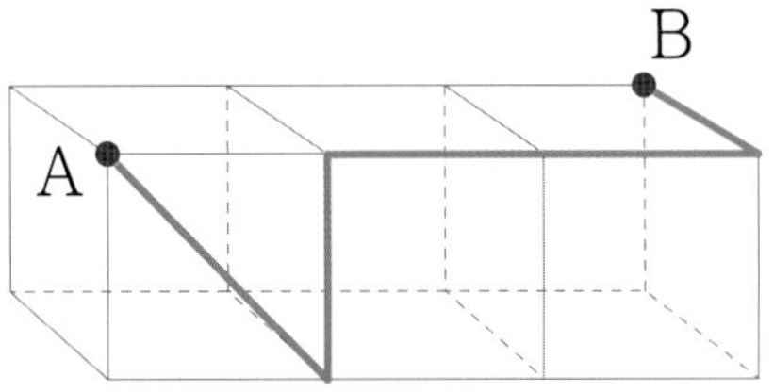

㉢

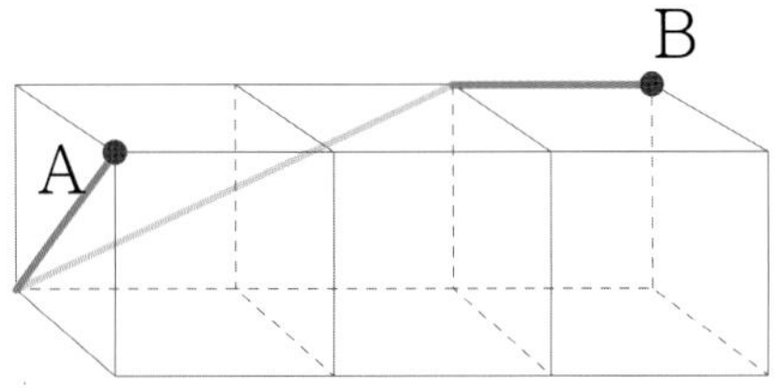

㉣

정답 및 풀이 P.06

04 길이가 서로 다른 5가지 테이프를 각각 2장씩 비교했습니다. 5장의 테이프를 긴 순서대로 나열하려고 합니다. 몇 번 더 비교해야 하는지 구하고 무슨 색과 무슨 색 테이프를 비교하는지 적으세요.

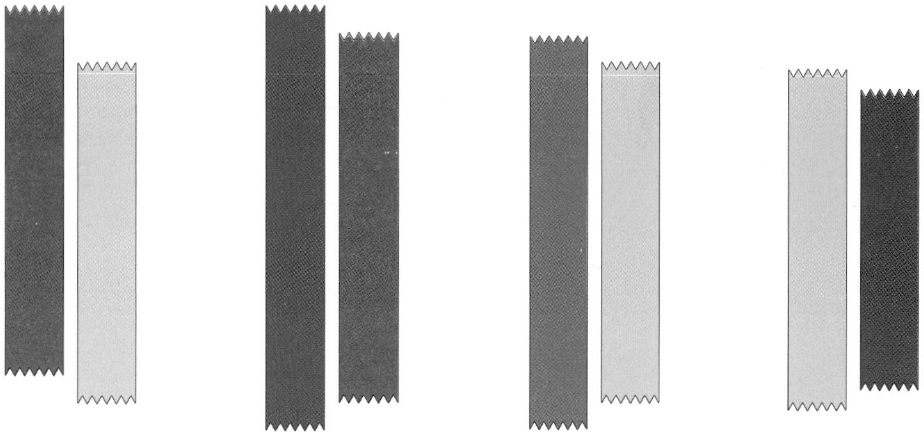

01 무우와 상상이는 천에 각각 바느질했습니다. 상상이가 바느질한 구멍 한 개를 지나지 않을 때, 무우가 사용한 실의 길이와 같았습니다. 과연 상상이는 몇 번째 구멍을 지나지 않았을까요?

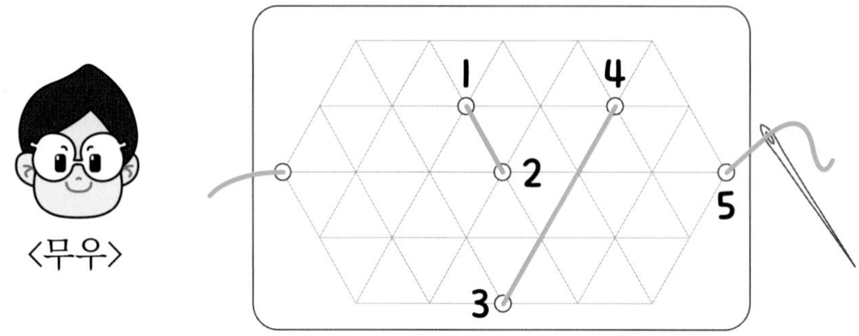

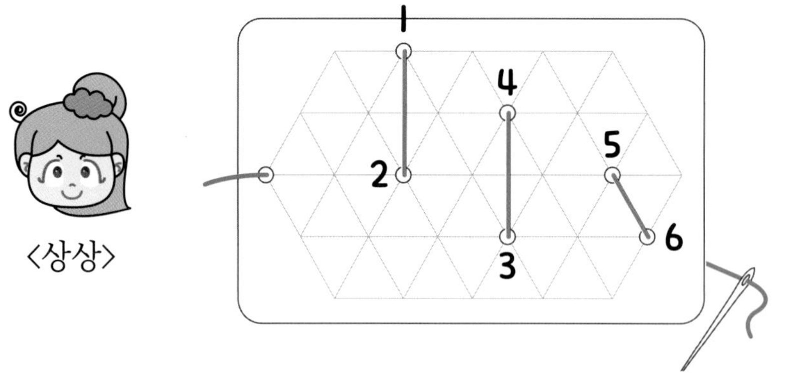

02
창의융합문제

도이인타논 산
정상까지.. 언제가..
산 입구
우씨~
하아~
이 산은 태국에서 가장 높은 산이야!
정말? 올라가 보자
멀다..
산 지도
여기 지도를 보면 여러 가지 길이 있어~
서로 다른 길로 갈까?
좋아~!

네 명의 친구들은 각자 산 정상까지 가장 짧은 길을 따라 올라갔습니다. 누가 산 정상에 올라가는 길이가 가장 짧을까요?

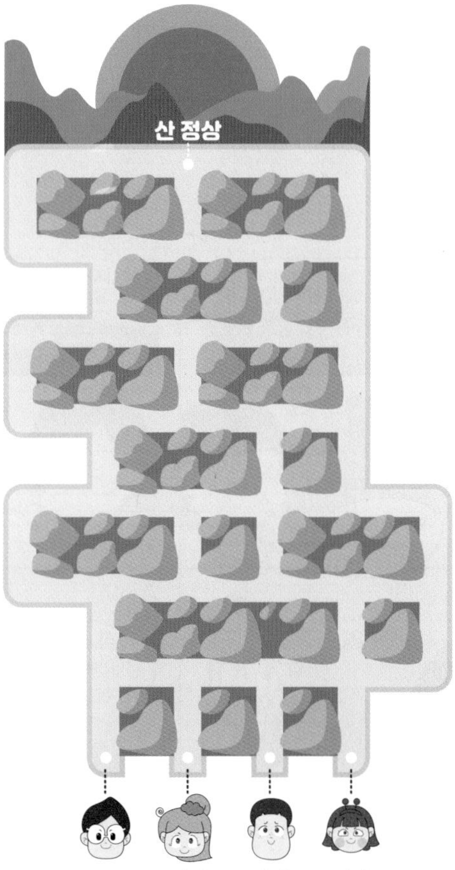
산 정상

〈무우〉 〈상상〉 〈알알〉 〈제이〉

태국에서 첫째 날 모든 문제 끝~!
방콕으로 이동하는 무우와 친구들에게 어떤 일이 일어날까요?

내 코가 석자?

척 보면 알겠네!
5cm - 2cm = 3cm
3cm + 2cm = ??
척? 이 무슨 말이야?
척이란, "자"의 한자 말로 1자는 약 30cm 야~
오.. 길이를 뜻하는구나?
아하!!~
척은 길이를 재는 도구뿐만 아니라 재는 단위로도 쓰여~
흐음~
제이야! "내 코가 석 자"에서 석 자는 몇 cm 일까?
석 자는.. 30cm 가 3번 이라는 뜻인가?
맞아~! 석 자는 약 90cm 를 의미해. 즉, 내 콧물이 90cm 라는 말이야!
똑똑한데~

2. 길이 재기

방콕
와 날씨가 덥당..
허억
태국의 수도 방콕이야!
싸와디캅~!
왕궁 입구
왕궁에 들어가려면 무릎이 보이는 옷을 입으면 안 돼
난 샌들이네.. 갈아신어야지..
우쒸~
치마 입었는뎅..
여긴 10번째 왕인 라마 10세가 주인이야!
짜잔~
드디어~! 들어왔당~!
폴짝
저 멀리 있는 불상의 높이는 어느 정도일까?
내 한 뼘으로 몇 뼘이 되는지 재봐야징~!
흐음~
나도 제이처럼 내 한 뼘으로 재봐야지~

치앙마이
방콕
태국
Thailand

태국 둘째 날 DAY 2

태국에서 둘째 날, 방콕에 도착했어요. 방콕에 있는 <왕궁>, <왓 포>, <카오산 로드>, <짜뚜짝 야시장>을 방문할 예정이에요. 자, 그럼 <왕궁>에서 수학 문제를 친구들과 함께 풀어볼까요?

1. 단위 길이

제이와 상상이는 각자 자신의 뼘으로 멀리 보이는 불상의 높이를 재었더니, 제이는 40번, 상상이는 43번이었습니다. 과연 제이와 상상이 중에 한 뼘이 더 긴 사람은 누구일까요?

설명

〈단위 길이〉

단위 길이란, 어떤 길이를 재는데 기준이 되는 길이를 단위 길이라고 합니다. 오른쪽과 같이 단위 길이를 노란색 연필의 길이로 정합니다. 노란색 연필의 길이가 1일 때, 아래 막대기의 길이는 3으로 단위 길이의 3배입니다.

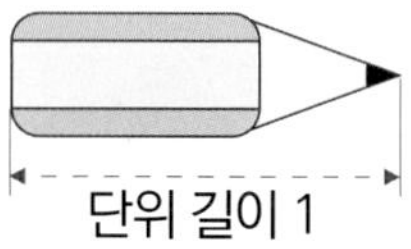

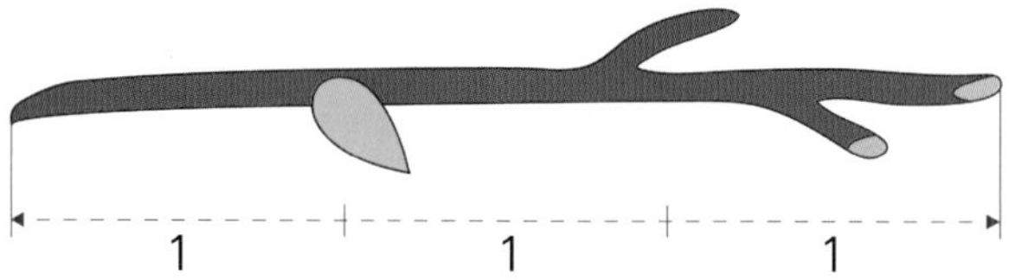

정답

한 뼘은 손을 폈을 때, 엄지손가락 끝에서부터 새끼손가락 끝까지의 길이입니다.
제이와 상상이는 같은 높이의 불상을 잿습니다.
이때, 단위 길이가 길수록 재는 횟수가 적습니다.
제이가 40번으로 상상이보다 3번 적으므로 제이의 한 뼘이 더 깁니다.

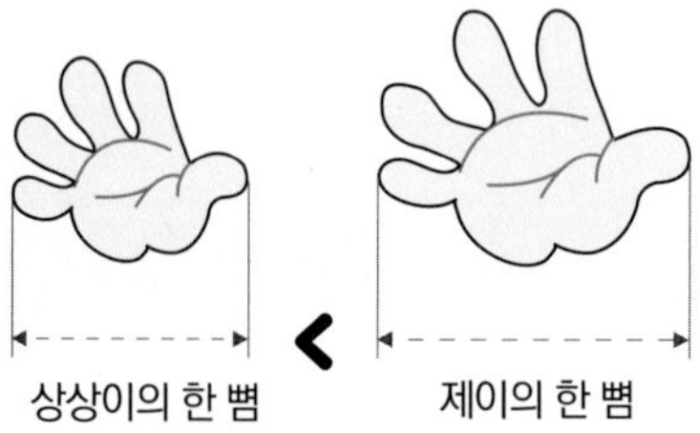

2. 길이 연산

여기 색이 다른 막대기 2개가 있엉
- 오잉!?
어? 그러네. 두 막대기의 길이도 서로 다른 것 같아.
두 막대기 길이의 차?
- 후훗
그럼 내가 자 1개를 줄 테니 두 막대기 길이의 차를 구하는 방법이 무엇일지 말해봐!

설명

주황색과 파란색 막대기가 한 개씩 있을 때, 두 막대기의 길이의 합은?
먼저 주황색 막대기를 자의 눈금 0에 맞춰 놓고 주황색 막대기 끝에 파란색 막대기를 놓아 총 길이를 잽니다. 따라서 두 막대기의 길이의 합은 6cm입니다.

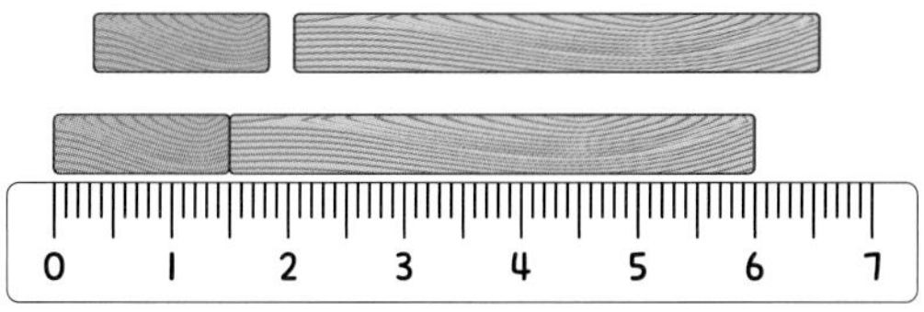

0 1 2 3 4 5 6 7

정답

〈방법 1〉과 같이 노란색 막대기와 주황색 막대기의 길이를 각각 재면 2cm와 5cm입니다. 따라서 두 막대기 길이의 차는 5cm - 2cm = 3cm입니다.

〈방법 2〉와 같이 두 막대기를 자의 눈금 0에 맞추고 차이나는 부분의 길이를 잽니다. 따라서 두 막대기 길이의 차는 3cm입니다. 이외에도 다양한 방법이 있을 수 있습니다.

〈방법 1〉

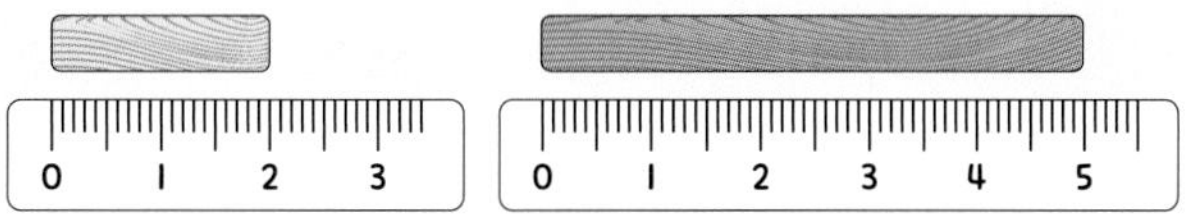

0 1 2 3
0 1 2 3 4 5

〈방법 2〉

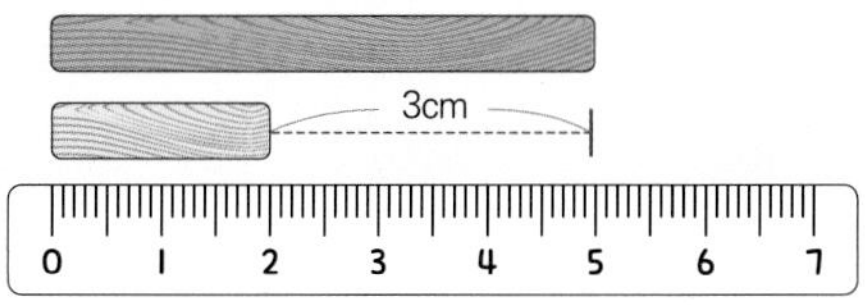

3cm
0 1 2 3 4 5 6 7

2 대표문제

1 단계 . 단위 길이

왓 포
태국에서 가장 큰 누워있는 불상이 있대
얼른 보러 가고 싶당~
우와~
어? 바닥에 왜 지우개, 연필, 성냥개비, 나무 막대기가 놓여있지?
그러게? 나무 막대기의 길이는 지우개 몇 개일까?
히잉~
얼른 불상 보러 가자구...

연필, 지우개, 성냥개비를 사용하여 나무 막대의 길이를 나타냈습니다. 이때, 나무 막대기의 길이는 지우개 몇 개의 길이와 같을까요?

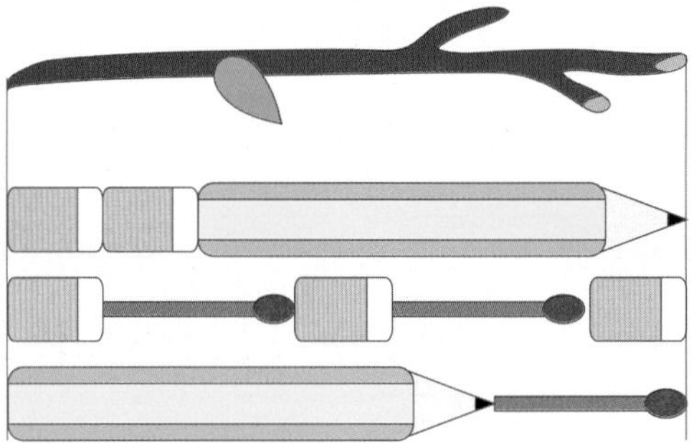

Step 1 지우개 한 개의 길이를 단위 길이로 정할 때, 성냥개비 한 개의 길이는 지우개 몇 개의 길이와 같을까요?

Step 2 지우개 한 개의 길이를 단위 길이로 정할 때, 연필 한 개의 길이는 지우개 몇 개의 길이와 같을까요?

Step 3 성냥개비와 연필을 지우개로 바꾸면 나무 막대기의 길이는 지우개 몇 개의 길이와 같을까요?

풀이

Step 1 그림에서 ㉠줄과 ㉢줄의 길이가 서로 같으므로 성냥개비 한 개의 길이는 지우개 2개의 길이와 같습니다.

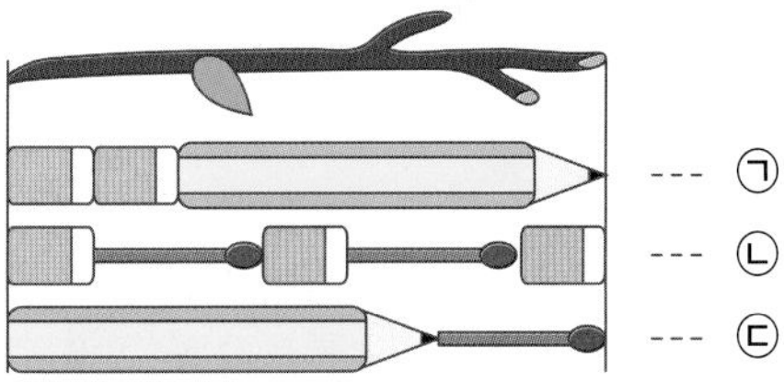

Step 2 그림의 ㉡줄과 ㉢줄에서 연필 한 개의 길이는 지우개 3개와 성냥개비 1개의 길이를 합한 것과 같습니다. 따라서 연필 한 개의 길이는 지우개 5개의 길이와 같습니다.

Step 3 성냥개비 한 개의 길이는 지우개 2개의 길이와 같고 연필 한 개의 길이는 지우개 5개의 길이와 같습니다. 따라서 나무 막대기의 길이는 지우개 2 + 5 = 7개의 길이와 같습니다.

정답 : 지우개 7개의 길이

확인하기 1

지우개의 길이를 단위 길이라고 했을 때, 책의 둘레는 단위 길이의 몇 배일까요?

단위 길이

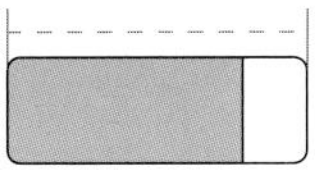

확인하기 2

파란색 막대기의 길이를 연필과 지우개를 사용해 나타냈습니다. 이때, 파란색 막대기의 길이는 지우개 몇 개의 길이와 같을까요?

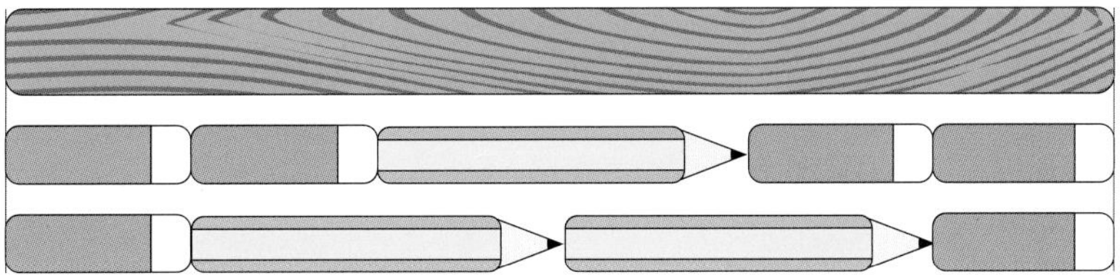

2 단계 . 길이 연산

카오산 로드
지도
여기 지도의 도착점으로 갈 거야
헤헤~
난 무우와 다른 방법으로 갈래
난 누구랑 같이 가야 빨리 도착할 수 있지?
흐음~

무우, 상상, 알알이는 서로 다른 길로 도착점에 가려고 합니다. 지도에서 두 칸의 길이는 1cm입니다. 이때, 제이는 가장 빨리 가기 위해 누구와 함께 가야 할까요?

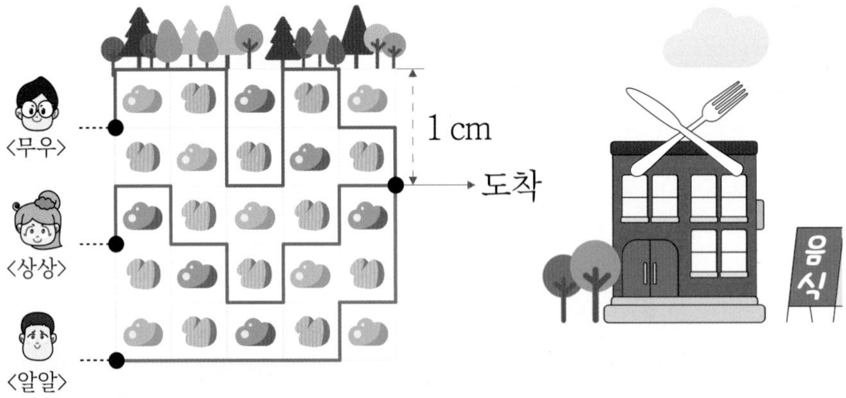
<무우>
<상상>
<알알>
1 cm
도착
음식

Step 1 무우가 가는 길의 칸의 수를 구한 후, 파란색의 총 길이를 구하세요.

Step 2 상상이가 가는 길의 칸의 수를 구한 후, 빨간색의 총 길이를 구하세요.

Step 3 알알이가 가는 길의 칸의 수를 구한 후, 초록색의 총 길이를 구하세요.

Step 4 제이는 누구와 함께 가야 할까요?

Step 1 무우가 가는 길의 칸은 총 12칸입니다. 2칸의 길이는 1cm이므로 파란색의 총 길이는 6cm입니다.

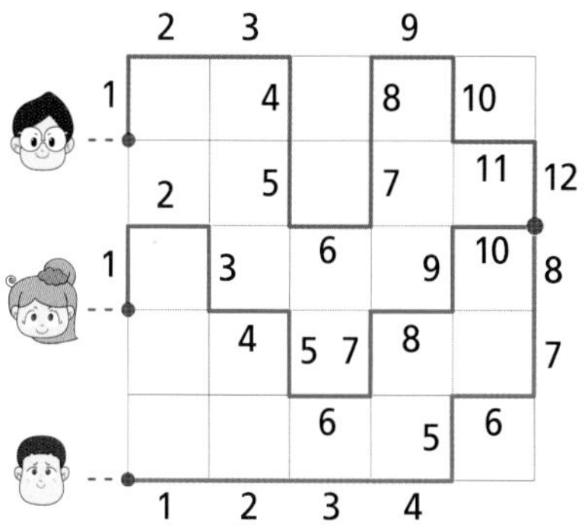

Step 2 그림과 같이 상상이가 가는 길의 칸은 총 10칸입니다. 2칸의 길이는 1cm이므로 빨간색의 총 길이는 5cm입니다.

Step 3 그림과 같이 알알이가 가는 길의 칸은 총 8칸입니다. 2칸의 길이는 1cm이므로 초록색의 총 길이는 4cm입니다.

Step 4 제이가 가장 빨리 도착하기 위해서는 총 길이가 짧은 곳을 선택해야 합니다. 따라서 제이는 알알이와 함께 갑니다.

정답 : 알알이

확인하기 1

가장 작은 사각형 한 변의 길이가 2cm일 때, 파란색 선의 길이는 총 몇 cm일까요?

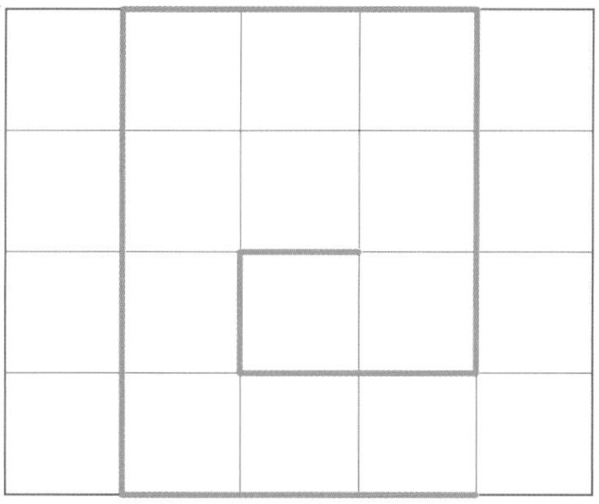

확인하기 2

두 막대의 길이를 쟀습니다. 파란색 막대의 길이는 주황색 막대의 길이보다 몇 cm 더 길까요?

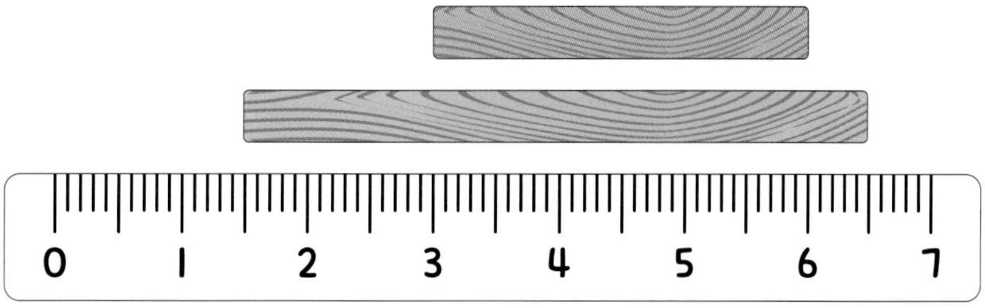

01 한 칸의 길이가 1cm인 색종이가 있습니다. 이 색종이를 시작점에서 2조각이 되도록 선을 따라 한 번에 가위로 잘랐을 때, 자른 길이가 총 8cm가 되었습니다. 어떻게 선을 따라 잘랐을지 그리세요.

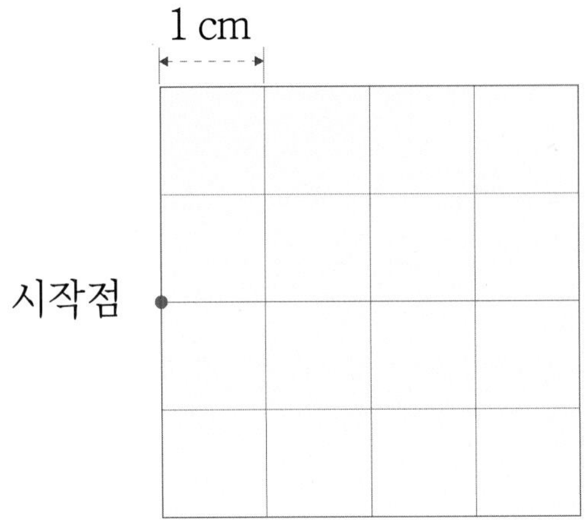

02 무우의 키는 30cm 자 5개와 같고, 제이의 키는 60cm 자 2개와 같습니다. 과연 무우와 제이의 키 차이는 몇 cm일까요?

03 연필 한 개의 길이가 5cm일 때, 지우개 한 개의 길이는 몇 cm일까요?

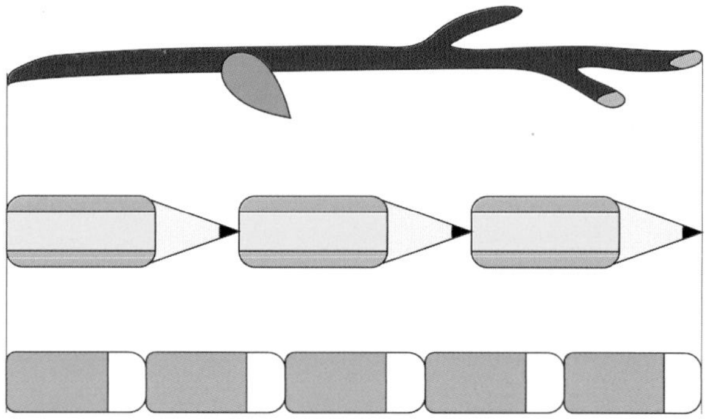

04 가장 작은 사각형 한 변의 길이가 1cm입니다. 선을 따라 출발점에서 도착점까지 가는 가장 가까운 길은 몇 cm 일까요?

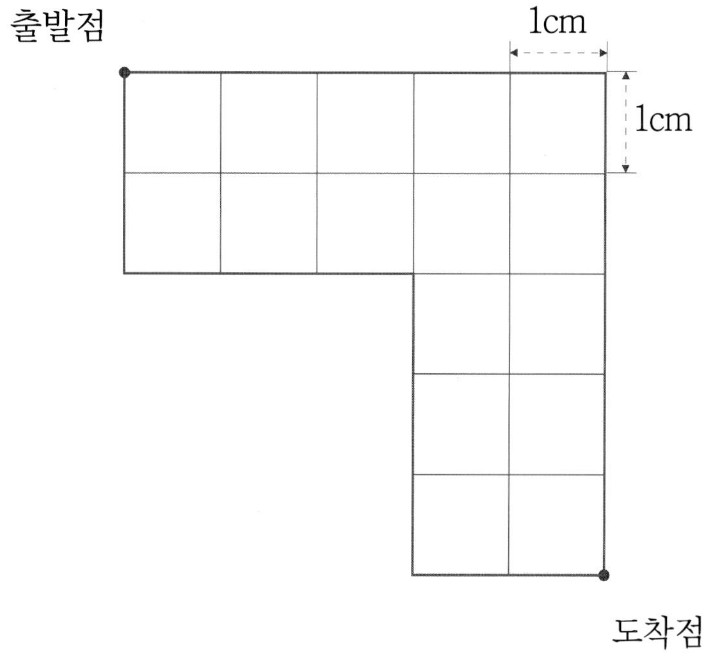

05 파란색 막대기에서 ㉠과 ㉡의 길이의 차가 1cm입니다. ㉠과 ㉡을 각각 구하세요. (단, 크기는 ㉠ > ㉡입니다.)

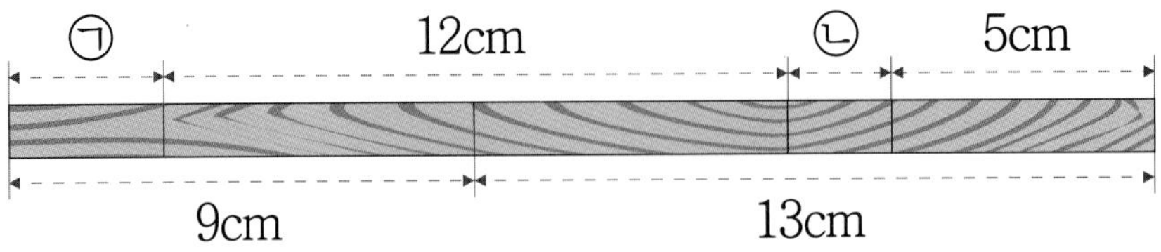

06 연필 3개의 길이와 지우개 4개의 길이의 합은 연필 5개의 길이와 지우개 1개의 길이의 합과 같습니다. 연필 6개의 길이는 지우개 몇 개의 길이와 같을까요?

07 두 칸의 길이가 1cm인 모눈종이 위에 파란색 테이프를 2번 접었습니다. 파란색 테이프의 길이는 몇 cm일까요?

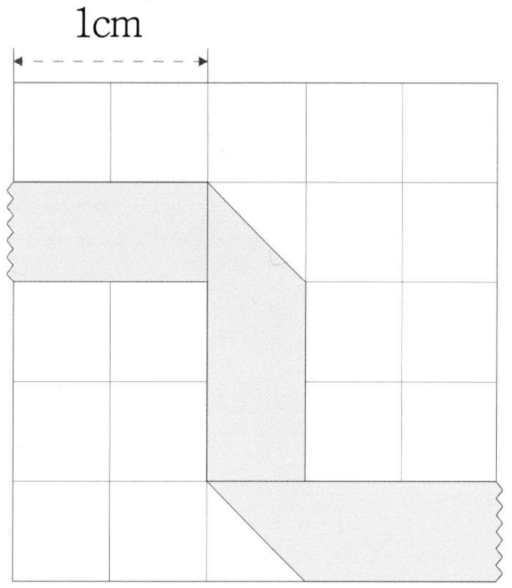

08 총 길이가 15cm인 밧줄 한 개를 한 번 접어서 아래와 같이 잘랐습니다. 이 중에서 가장 긴 밧줄은 몇 cm일까요? (단, 밧줄의 접힌 부분은 생각하지 않습니다.)

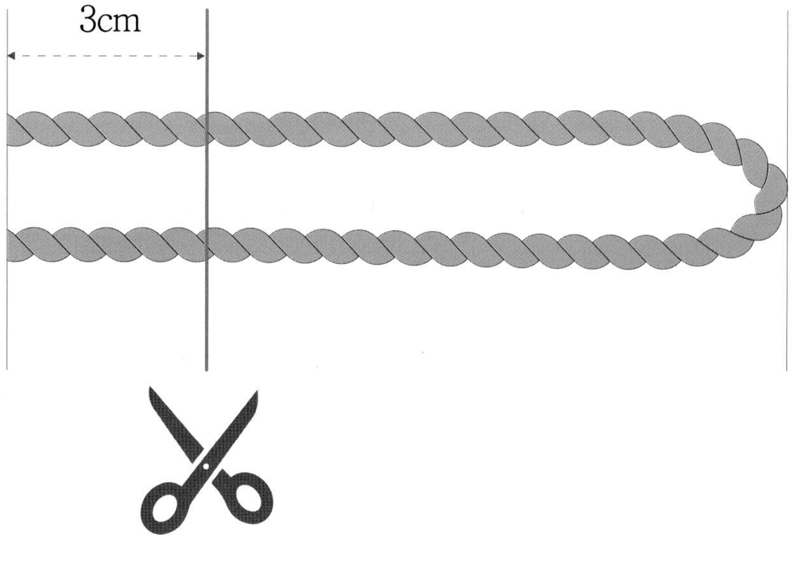

09 무우는 자신의 뼘으로 책상의 긴 쪽을 재면 5번이고, 길이가 5cm인 지우개로 무우의 한 뼘을 재면 2번입니다. 책상의 긴 쪽과 짧은 쪽의 길이의 차가 15cm일 때, 책상의 긴 쪽과 짧은 쪽의 길이의 합은 몇 cm일까요?

10 길이가 6cm인 벽돌을 2cm씩 겹쳐서 놓으려고 합니다. 총 9개의 벽돌을 놓을 때, 첫 번째 벽돌부터 마지막 벽돌까지 놓인 전체 길이는 몇 cm일까요?

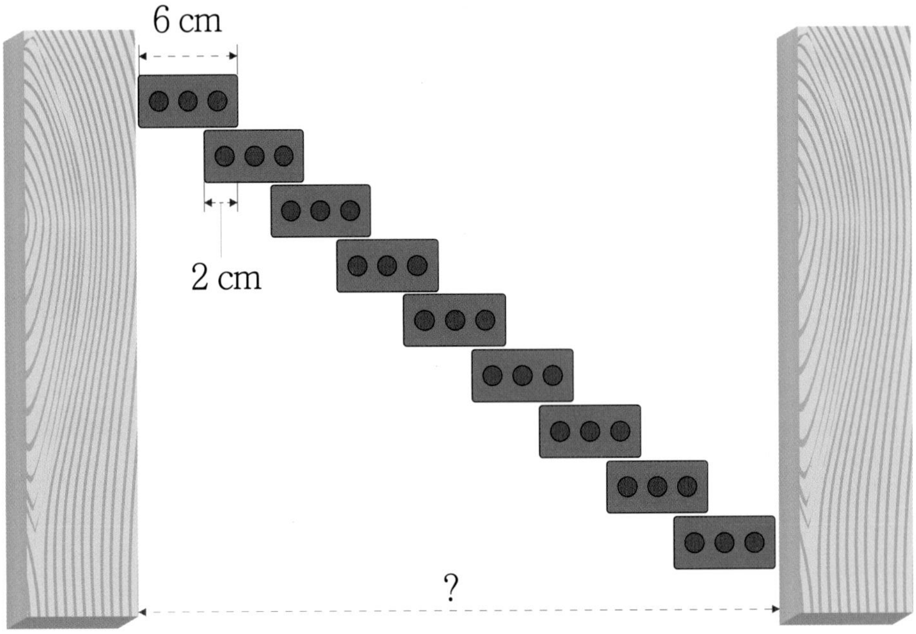

11 총 길이가 52cm인 테이프를 4조각으로 잘랐습니다. 이 중에 가장 긴 테이프의 길이는 몇 cm일까요?

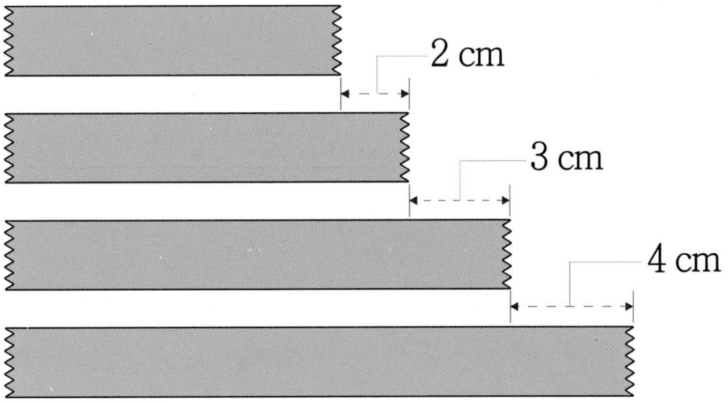

12 페인트통 A 안에 막대기를 바닥에 닿을 때까지 넣다가 뺐을 때, 페인트가 묻지 않은 부분은 11cm이었습니다. 이 막대기를 거꾸로 뒤집은 후 페인트통 B 안에 바닥에 닿을 때까지 넣었더니, 페인트 A와 B 모두 묻은 부분의 높이는 1cm이었습니다. 과연 페인트통 B에 담긴 페인트의 높이는 몇 cm일까요?

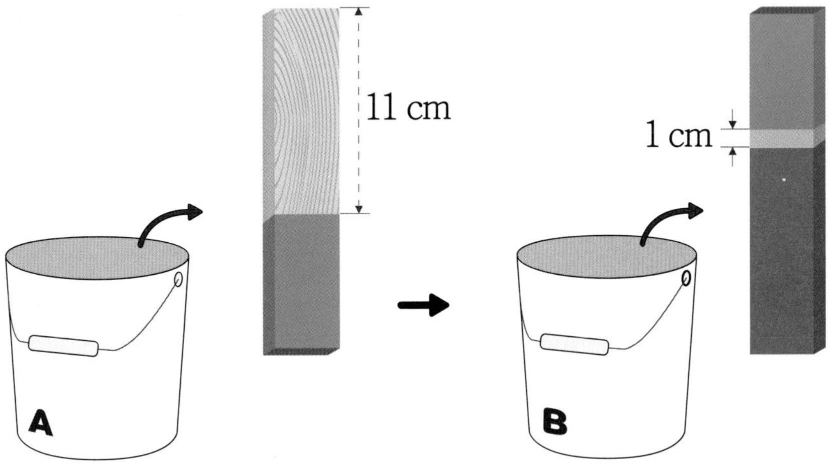

01 파란색 막대기 한 개와 노란색 막대기 한 개의 길이의 차는 6cm입니다. 파란색 막대기 2개와 노란색 막대기 3개를 서로 겹치지 않게 놓았을 때, 2 cm가 남았습니다. 파란색 막대기 한 개의 길이는 몇 cm일까요?

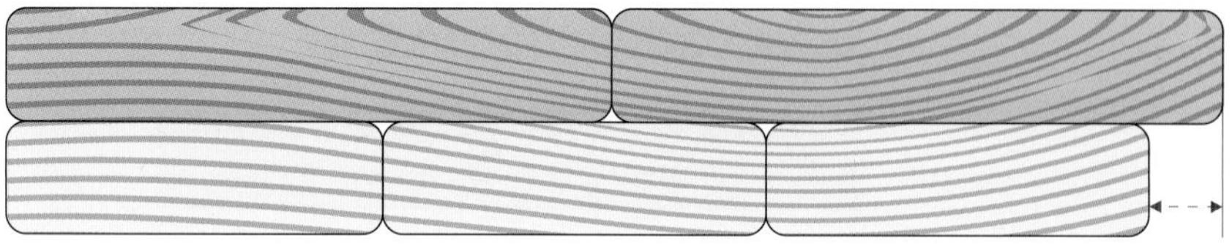

정답 및 풀이 P.12

02 그림 A와 같이 총 길이가 20cm인 밧줄을 한 번 접어 길이가 ㉠과 ㉡이 되도록 잘랐습니다. 이 중 가장 긴 밧줄로 그림 B와 같이 세 번 접어 2cm가 되도록 잘랐습니다. 과연 ㉠과 ㉡은 각각 몇 cm일까요? (단, 밧줄의 접힌 부분은 생각하지 않습니다.)

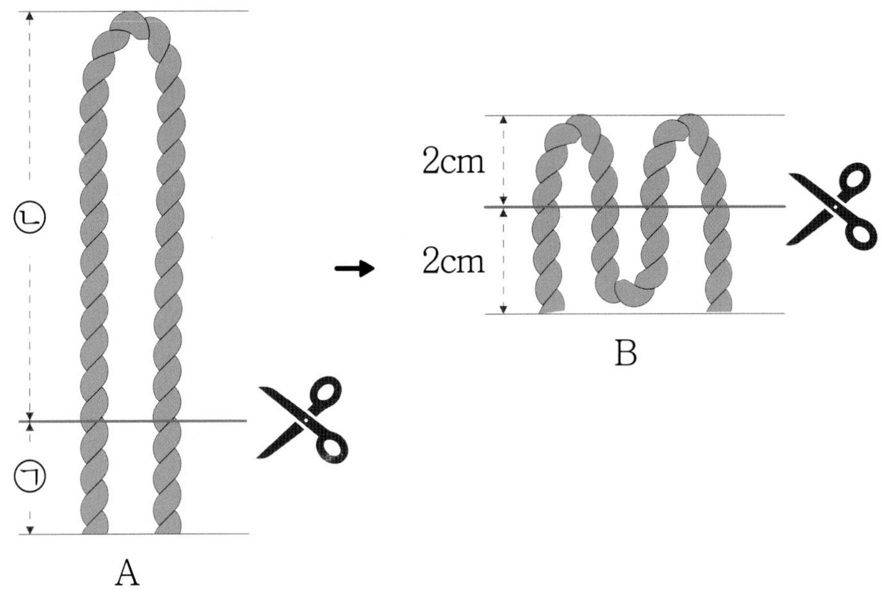

03 파란색 막대기와 주황색 막대기의 길이는 각각 12cm와 6cm입니다. 노란색 막대기 길이는 성냥개비의 길이보다 3cm 더 길 때, 노란색 막대기와 성냥개비의 길이는 각각 몇 cm일까요?

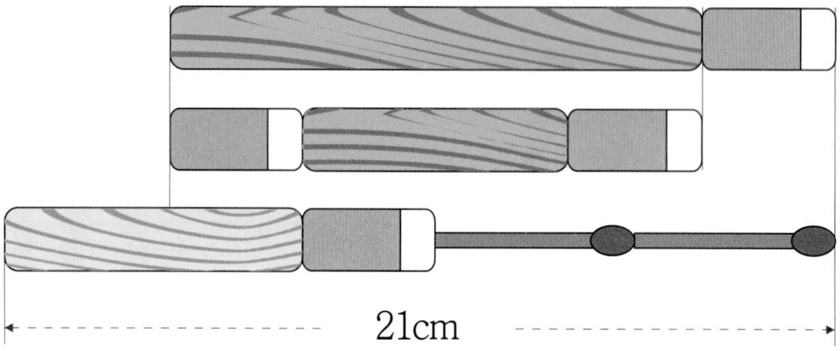

정답 및 풀이 P.13

04 파란색 막대기의 길이를 연필, 지우개, 성냥개비를 사용해 나타냈습니다. 이때, 연필 4개와 성냥개비 4개의 길이의 합은 지우개 몇 개의 길이와 같을까요?

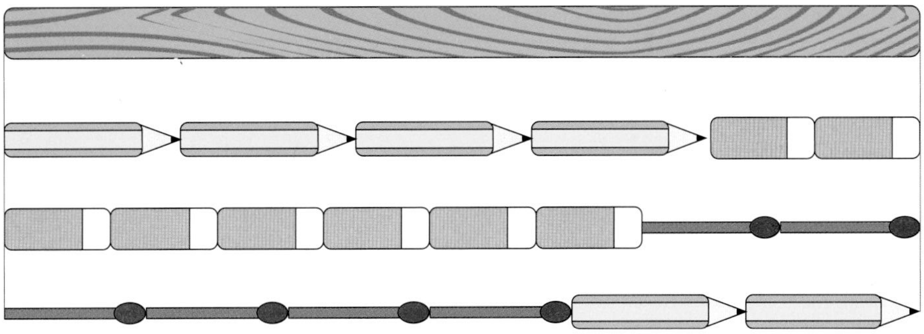

01 한 칸의 길이가 2cm인 색종이가 있습니다. 이 색종이를 시작점에서 5조각이 되도록 선을 따라 한 번에 가위로 잘랐을 때, 자른 길이가 총 16cm가 되었습니다. 어떻게 선을 따라 잘랐을지 그리세요.

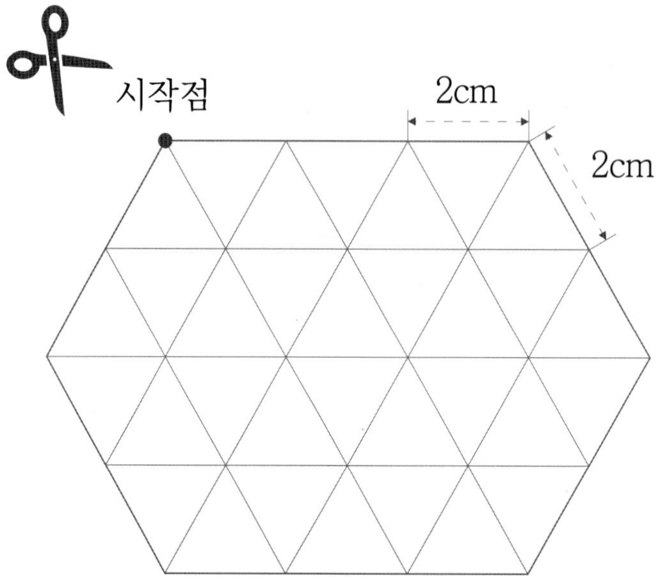

02
창의융합문제

짜뚜짝 주말시장
FRUIT
주말에만 여는 시장을 갈 거야~!
어떤 시장인뎅??
헤헷~
여긴 사람 많으니까 조심해~!
FRUIT
물건도 많고 사람도 많고~~
으악~
보고 싶은 게 많아
너무 덥고 목말라..
후끈~
우리 뭐 마시러 갈까?
~허억
좋아!!
아래 그림은 수박, 사과, 망고의 가로 길이를 나타내! 한 컵에 과일의 가로 길이를 합해 7cm가 되도록 과일을 넣어봐
그럼 난 망고 7개 넣어야지~
망고 2개가 2cm네?

수박, 사과, 망고의 가로 길이를 나타냈습니다. 망고 2개의 가로 길이가 2cm일 때, 한 컵에 가로 길이의 합이 7cm인 과일을 넣는 방법은 모두 몇 가지일까요?

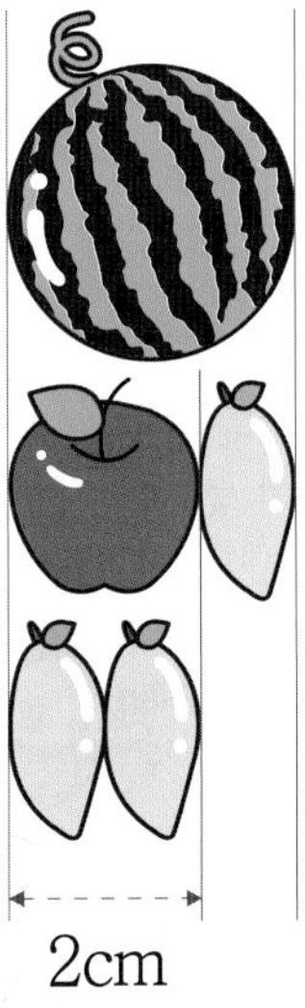

2cm

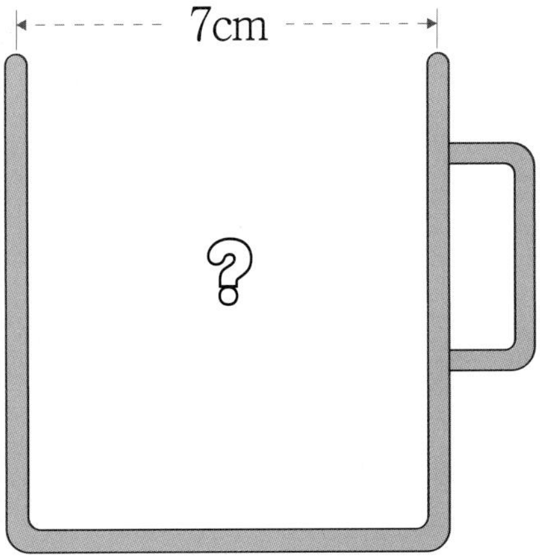

7cm
?

태국에서 둘째 날 모든 문제 끝~!
파타야로 이동하는 우우와 친구들에게 어떤 일이 일어날까요?

유레카!

유레카??

유레카~!!
유레카가 무슨 뜻이야?
??
7+8=31
34-
어려웡~
아르키메데스가 목욕탕에서 한 말인데, "알았다" 라는 뜻이야.
아르키메데스? 왜 그런 말을 했어?
왜지?
왕관이 순금으로 만들어졌는지 알기 위해 고민하다가...
오잇!!!
물이 가득한 욕조에 자신의 몸을 넣자 물이 넘쳤지!
웃겨~
~푸하하
무게가 같은 왕관과 순금을 물에 넣었더니 넘치는 양이 달랐어.
그건 말이야..
물체가 차지하는 공간인 부피가 서로 달라서 그런 거야. 이 사실을 알게 되어 유레카!! 라고 했지.

3. 넓이와 들이 비교

파타야
시원한 곳으로~
후다닥
물놀이 하러 가자!!
좋앙~!!
꼬란 해변가
바다다~!!
마음껏 놀아~!!
신난다
우와!!
뛰자~!!
응? 무엇을 하고 있니?
?？
스윽
이렇게~ 이렇게 해야지
오잉
내가 이길꼬야
응, 누구 땅이 더 넓을까?
아이랑 땅따먹기 하고 있어?
스윽
스윽

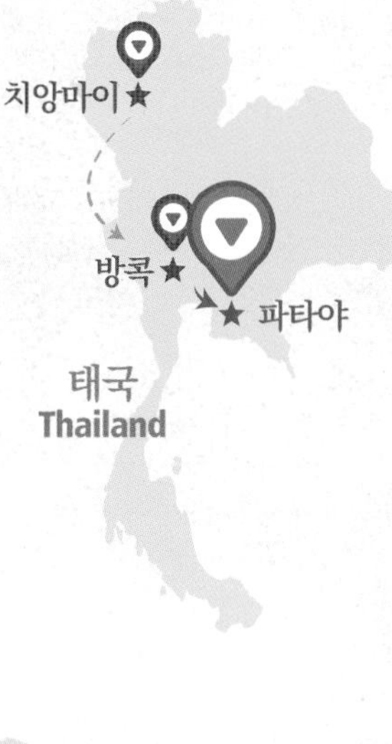
치앙마이
방콕
파타야
태국
Thailand

태국 셋째 날 DAY 3

태국에서 셋째 날, 파타야에 도착했어요. 파타야에 있는 <꼬란 해변>, <수상시장>, <농눅빌리지>를 방문할 예정이에요. 자, 그럼 먼저 <꼬란 해변>에서 만난 아이와 함께 수학 문제를 풀어볼까요?

1. 넓이 비교하기

□ 한 칸의 넓이가 1일 때, 무우와 아이 중에 누구의 땅이 더 넓을까요?

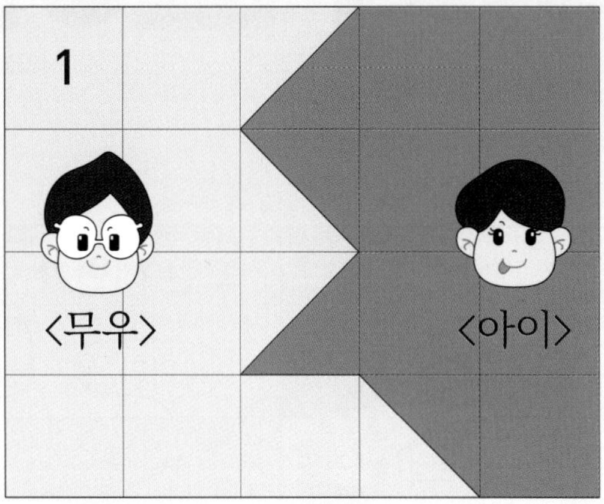

△ 모양의 넓이를 1이라고 생각하여, 4개의 조각의 넓이와 주어진 〈그림〉의 넓이를 각각 구할 수 있습니다.

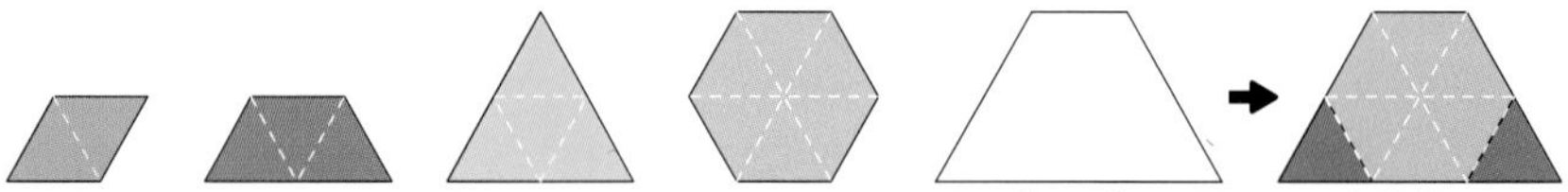

따라서 순서대로 각 조각의 넓이는 2, 3, 4, 6이고 〈그림〉의 넓이는 8입니다.

〈그림〉에서 먼저 □의 개수를 셉니다.
무우의 땅에는 □이 9개가 있고 아이의 땅에는 □이 7개가 있습니다.
◺ + ◺ = ⧄ 이므로 ◺ 2개의 넓이는 □의 넓이와 같습니다. 무우의 땅과 아이의 땅에는 각각 ◺이 4개 있으므로 □이 2개 더 있는 것과 같습니다. 무우 땅에는 □이 총 11개가 있고 아이의 땅에는 □이 총 9개가 있습니다.
무우의 땅은 아이의 땅보다 □ 2개 만큼 더 넓습니다. (정답)

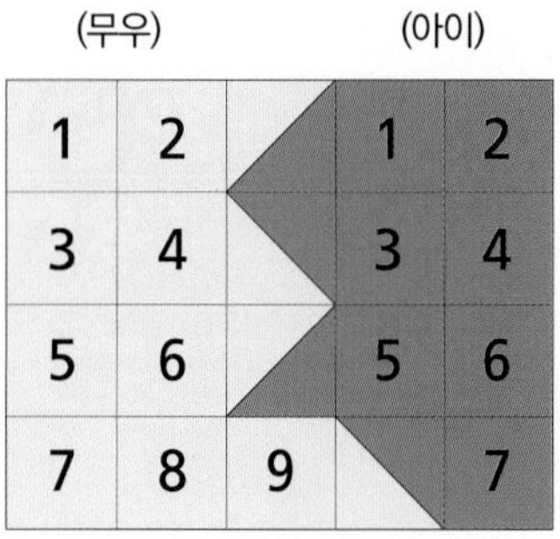

〈그림〉

2. 들이 비교하기

파타야 수상시장
여긴 인공 수로로 만든 수상시장이야!
싱글벙글
배다~! 타고 싶엉
조심해~ 우린 배를 타고 음식점에 갈 거야
맛있는 거 먹고 싶엉
호잇!!!
뛰지마..
뭐 시킬까?
목말라..
저기요~ 물 좀 주세요!!
목 마르다..
호호
서로 다른 두 물병의 물을 똑같은 컵에 담으면 각각 6잔과 9잔이 나옵니다
언제 마실 수 있어??
어떤 물통이 물의 양이 더 많지?
히잉..

설명

〈물의 양 비교하기〉

〈그림 1〉과 같이 그릇의 모양과 크기가 같은 경우, 물의 높이가 더 높을수록 물의 양이 많습니다.

〈그림 2〉와 같이 그릇의 모양과 크기가 다르고 물의 높이가 같은 경우, 그릇이 더 클수록 물의 양이 많습니다.

〈그림 1〉

〈그림 2〉

정답

서로 다른 두 개의 물병이 있습니다.

두 물병에 담긴 물을 똑같은 컵에 담아서 양을 비교합니다.

A 물병에서는 6잔이 나오고 B 물병에서는 9잔이 나오므로

B 물병에서는 A 물병보다 3잔 더 나옵니다.

따라서 B 물병이 A 물병보다 담긴 물의 양이 더 많습니다.

〈물병 A〉 〈물병 B〉

3 대표문제

1 단계 . 넓이 비교하기

삼각형 모양의 종이들이 있네?
그러게?
~엥?
삼각형을 붙여보자
후훗~
짜잔! 내가 만든 거야. 제이야~ 셋 중에서 누가 넓은 모양을 만들었을까?
내꺼 멋있지?
우왕! 내가 맞추겠엉.

무우, 상상, 알알이가 각각 서로 다른 모양을 만들었습니다. △ 의 넓이가 1일 때, 모양의 넓이가 넓은 순서대로 적으세요.

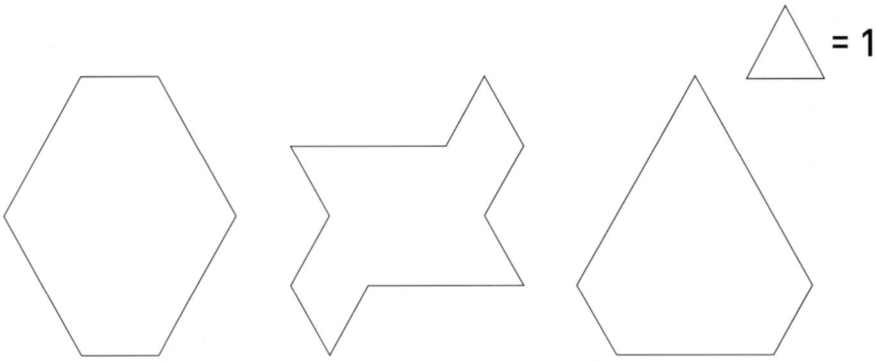

= 1

<무우> <상상> <알알>

Step 1 △ 의 모양으로 각 모양을 빈틈없이 덮은 후, 선으로 표시하세요.

활동북 (이 문제는 활동북에서 푸는 문제입니다. ⇒ P.115)

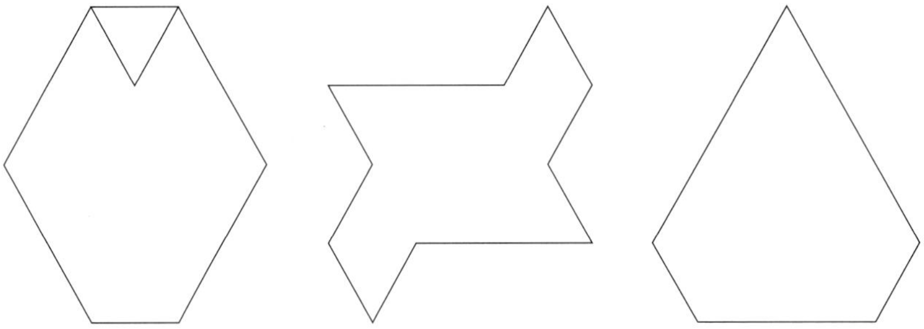

<무우> <상상> <알알>

Step 2 △ 의 개수를 세어보고 모양의 넓이가 넓은 순서대로 적으세요.

정답 및 풀이 P.15

Step 1 각 모양의 △를 채운 후 선으로 표시합니다.

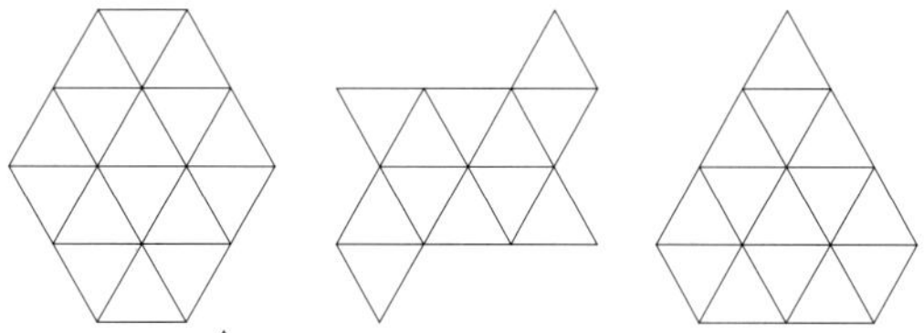

Step 2 위 **Step 1** 에서 덮은 △의 개수를 각각 세면, 무우는 16개, 상상이는 12개, 알알이는 14개입니다. 삼각형의 개수가 많을수록 모양의 넓이는 더 넓습니다. 따라서 모양의 넓이가 넓은 순서대로 적으면 무우, 알알, 상상입니다.

정답 : 무우, 알알, 상상

확인하기 1

□ 한 칸의 넓이가 1일 때, 두 도형 중 넓이가 더 큰 것은 무엇일까요?

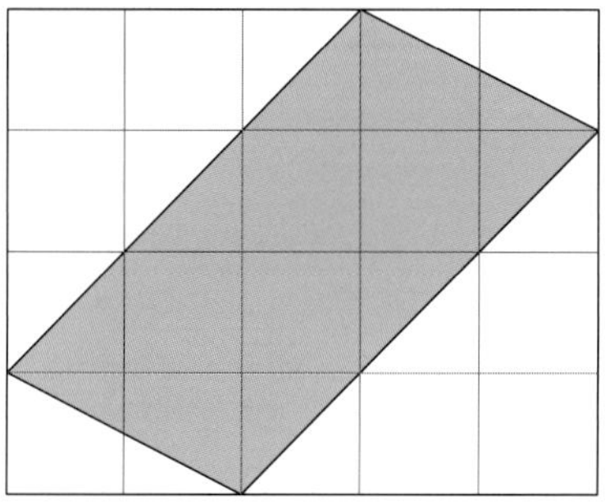

㉠

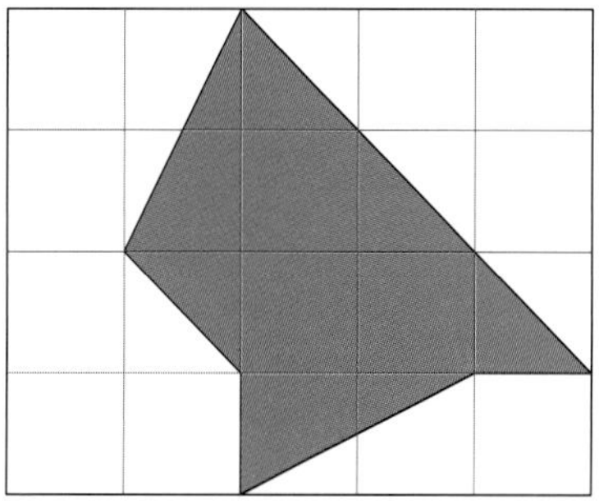

㉡

확인하기 2

조각 여러 개를 사용해서 주어진 도형을 덮으려고 합니다. 조각을 가장 많이 사용할 때와 가장 적게 사용할 때의 개수를 각각 구하세요.
(이 문제는 활동북에서 푸는 문제입니다. ⇒ P.117)

활동북

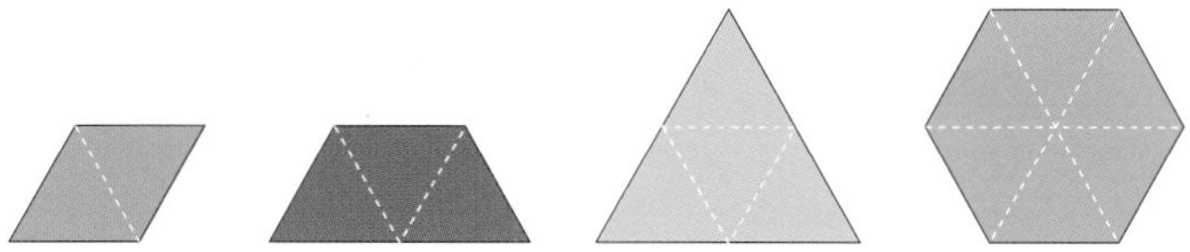

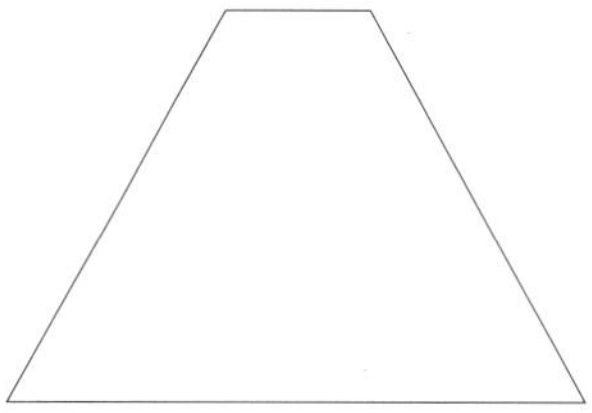

2 단계 . 들이 비교하기

농눅빌리지
엄청 큰 공원이야!
띠용~
공연 보러 가자!!
우히히
어? 저기 물통이 있어
공연 때 사용할 건가?
긁적긁적

구슬을 넣었을 때 물의 높이가 높아지는 모습입니다. A, B, C 3개의 물통에 담긴 구슬을 모두 꺼냈을 때 물이 많이 담긴 것부터 차례대로 적으세요.

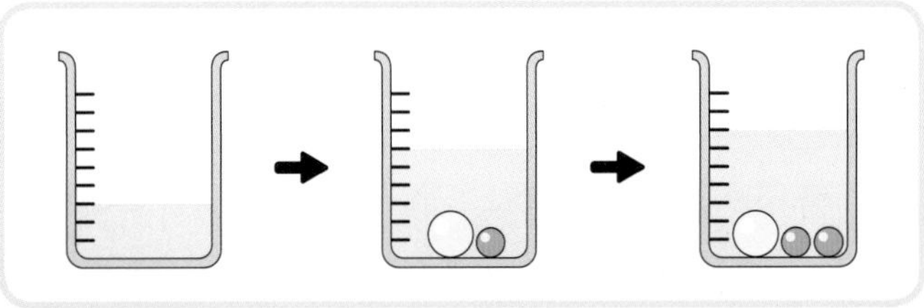

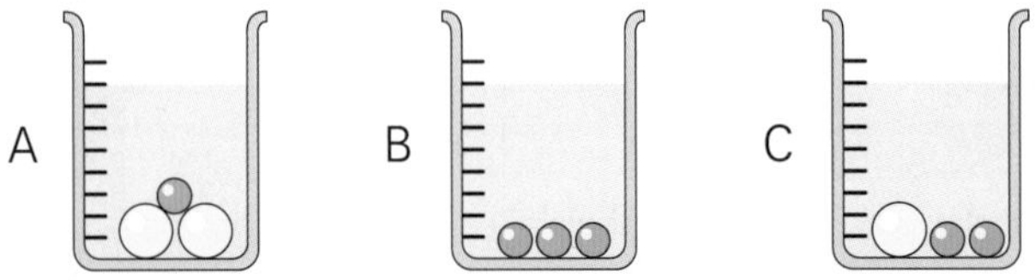
A
B
C

Step 1 위에서 노란색 구슬 1개와 초록색 구슬 1개를 각각 물통에 넣었을 때, 물의 높이는 몇 칸 올라갈까요?

Step 2 A, B, C 안에 담긴 구슬을 모두 꺼냈을 때, 담긴 물의 양을 각각 그리세요.

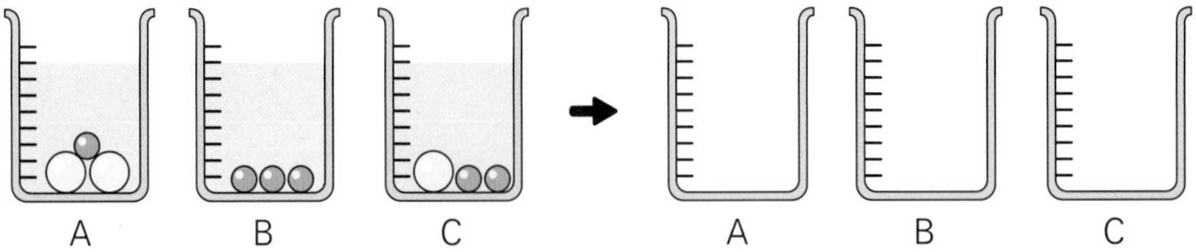
A
B
C
A
B
C

Step 3 물이 많이 담긴 것부터 차례대로 적으세요.

Step 1 두 번째 물통에서 세 번째 물통으로 갈 때, 초록색 구슬 1개를 넣으니 물의 높이가 1칸 올라갔습니다.

첫 번째 물통에서 두 번째 물통으로 갈 때, 초록색 구슬 1개와 노란색 구슬 1개를 넣으니 3칸 올라갔습니다.

노란색 1개를 넣으면 물의 높이는 2칸 올라가고, 초록색 1개를 넣으면 물의 높이가 1칸 올라갑니다.

Step 2 그림과 같이 A, B, C 안에 담긴 구슬을 꺼냈을 때, A, B, C 물통의 물의 높이는 각각 5칸, 3칸, 4칸씩 내려갑니다.

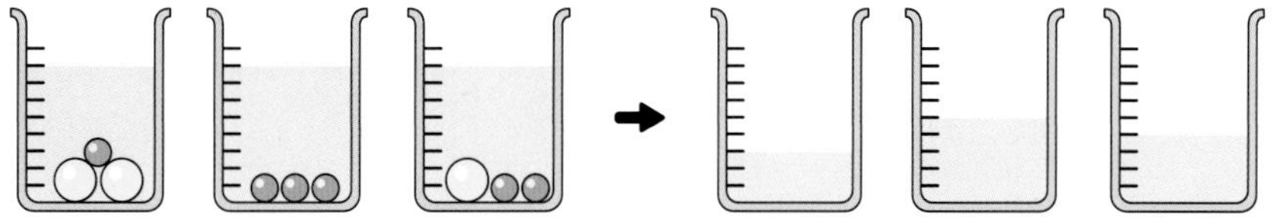

Step 3 구슬을 꺼냈을 때 물이 많이 담긴 것부터 차례대로 적으면 B, C, A입니다.

정답 : B, C, A

확인하기 1 구슬을 넣었을 때 물의 높이가 높아지는 모습입니다. 2개의 물통에 담긴 구슬을 모두 꺼냈을 때, 물이 더 적게 담긴 물통은 무엇일까요?

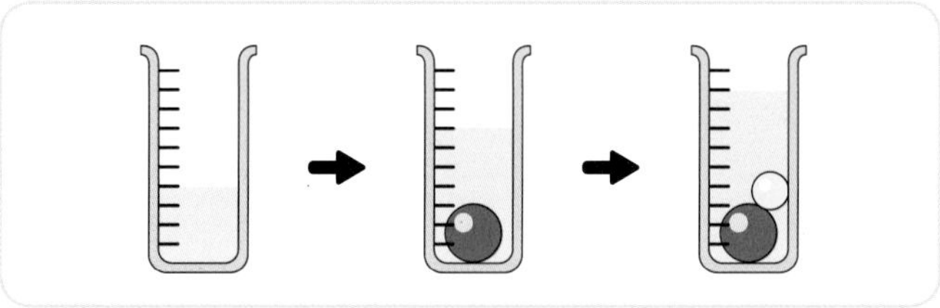

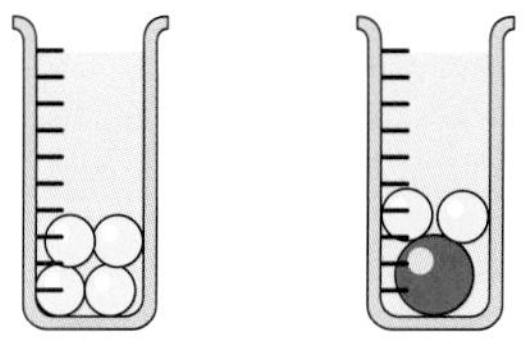

확인하기 2 물이 많이 담긴 것부터 차례대로 기호를 적으세요.

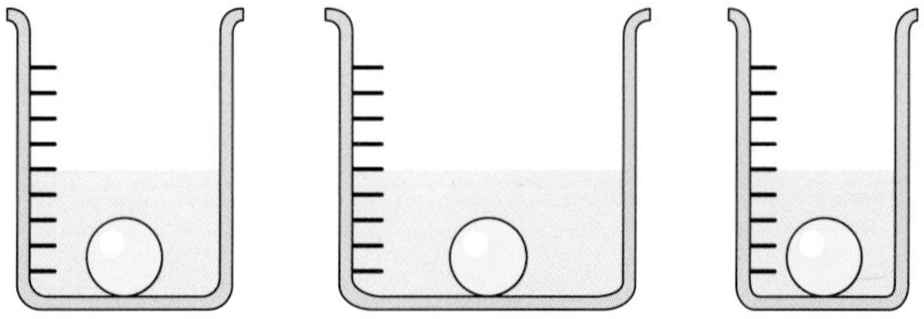

3 연습문제

01 무우와 상상이는 각각 꽃병 A와 B를 가지고 있습니다. 무우는 가득 채운 꽃병 A의 물을 13번 부어서 주전자를 가득 채웠습니다. 상상이는 가득 채운 꽃병 B의 물을 13번 부어서 냄비를 가득 채웠습니다. 주전자와 냄비 중 어느 것이 담을 수 있는 물의 양이 더 많을까요?

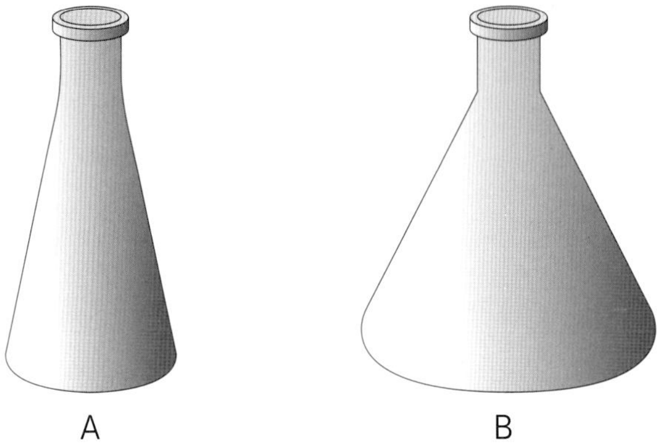

02 무우, 상상, 알알이는 담을 수 있는 물의 양이 서로 다른 컵을 가지고 있습니다. 담을 수 있는 물의 양이 많은 컵을 가진 사람을 순서대로 적으세요.

무우 : 가득 채운 내 컵의 물을 상상이 컵에 부으면 반만 차.

상상 : 나도, 가득 채운 내 컵의 물을 알알이 컵에 부으면 반밖에 안 차..

정답 및 풀이 P.16

03 초록색 땅과 노란색 땅이 있습니다. 더 넓은 땅은 무슨 색 땅일까요?

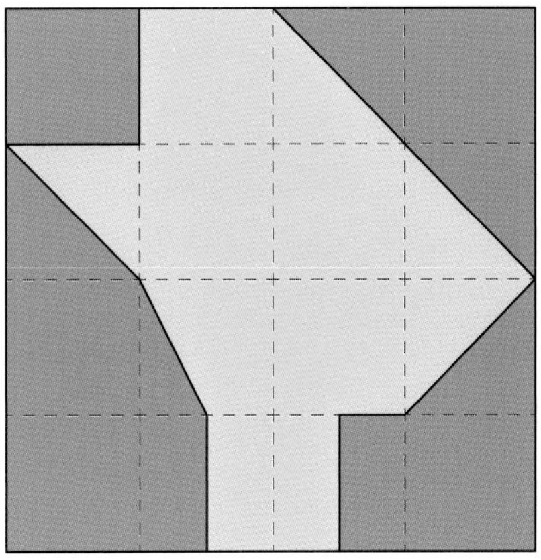

04 빨강 색종이 한 장의 넓이는 노랑 색종이 한 장 넓이의 절반과 같습니다. 무우, 상상, 알알이의 대화를 보고 넓게 색종이를 붙인 사람을 순서대로 적으세요.

무우 : 나는 빨강 색종이 4장과 노랑 색종이 2장을 겹치지 않게 붙일 거야!

상상 : 음, 난 빨강 색종이 6장을 겹치지 않게 붙일 거야.

알알 : 나는 빨강 색종이 3장과 노랑 색종이 3장을 겹치지 않게 붙일 거야~

05 빨강 구슬 1개를 넣으면 물의 높이가 2칸 높아지고 노랑 구슬 1개를 넣으면 물의 높이가 1칸 높아집니다. <보기>의 물통과 물통에 담긴 물의 양이 같은 것을 찾아 기호를 적으세요.

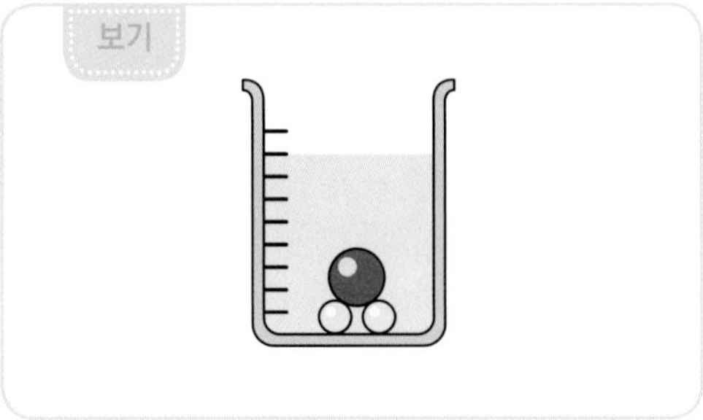

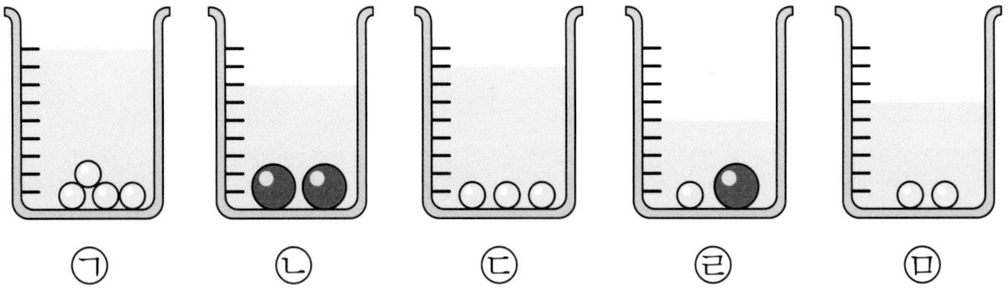

06 서로 넓이가 다른 5개의 색종이를 비교했습니다. 넓이가 넓은 것부터 차례대로 색종이의 색깔을 적으세요.

㉠ 빨강 색종이 위에 파랑 색종이를 겹쳐 놓으면 빨강 색종이가 보이지 않습니다.

㉡ 초록 색종이 위에 노랑 색종이를 겹쳐 놓으면 초록 색종이가 보입니다.

㉢ 보라 색종이 위에 노랑 색종이를 겹쳐 놓으면 보라 색종이가 보이지 않습니다.

㉣ 초록 색종이 위에 빨강 색종이를 겹쳐 놓으면 초록 색종이가 보이지 않습니다.

정답 및 풀이 P.18

07 높이가 모두 같고 물이 절반씩 담겨있는 3개의 수조가 있습니다. 각 수조에 그림의 구슬을 넣었을 때, 수조의 물이 모두 가득 찼습니다. 담을 수 있는 물의 양이 많은 수조부터 차례대로 기호를 적으세요.

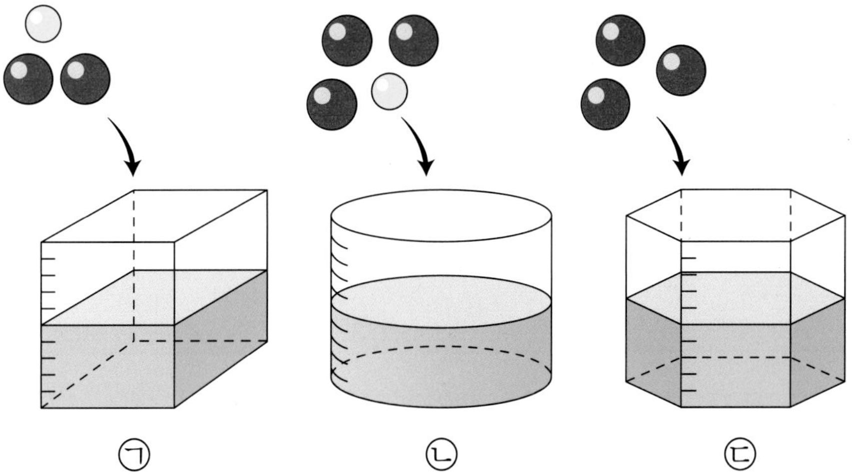

〈그림〉

08 ⬚ 한 칸의 넓이가 1일 때, 〈그림〉과 넓이가 같은 모양을 모눈종이 위에 2개를 그리세요.

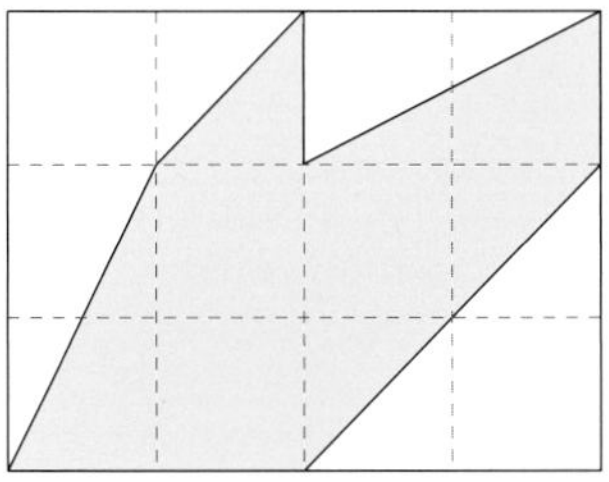

〈그림〉

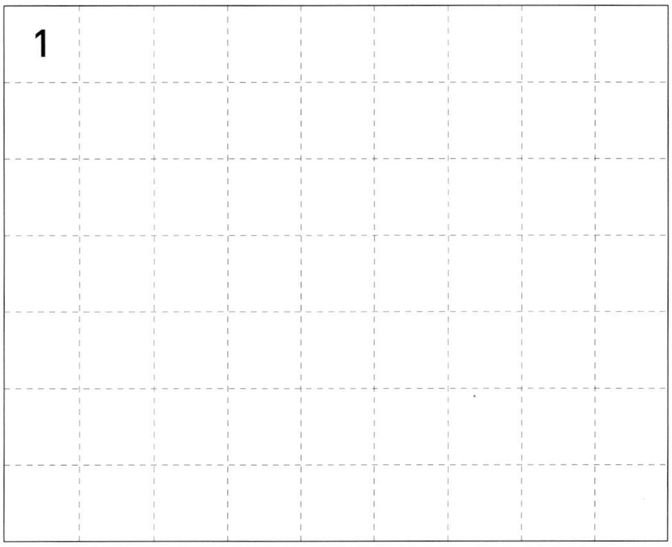

09 활동북

칠교판의 □ 한 칸의 넓이가 1입니다. 칠교 조각을 이용해서 아래 세 모양 ㉠, ㉡, ㉢을 덮어서 비교할 때, 넓이가 넓은 모양부터 차례대로 기호를 적으세요.

(이 문제는 활동북에서 푸는 문제입니다. ⇒ P.119)

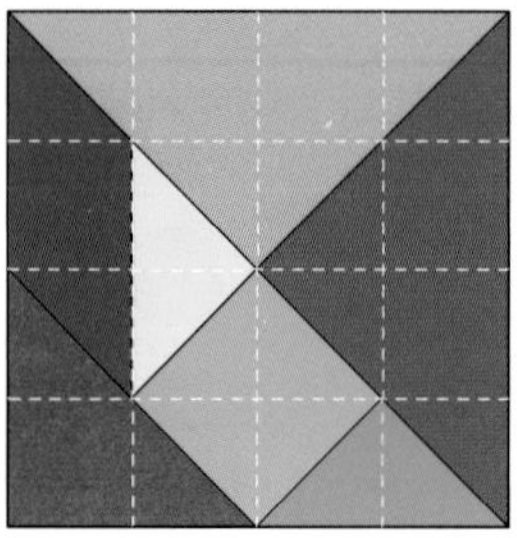

칠교판

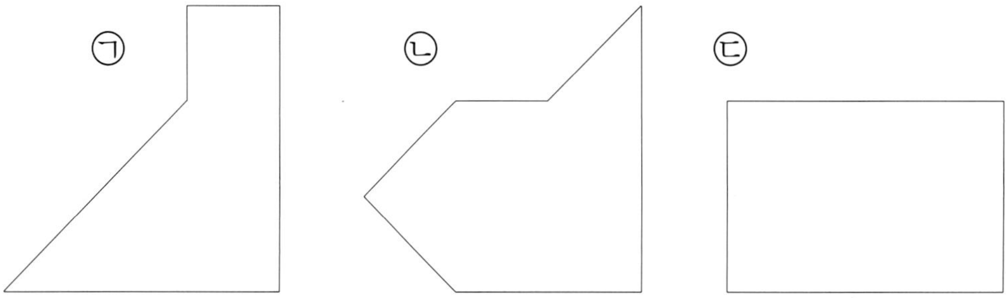

10 △ 한 칸의 넓이가 1일 때, 아래 모양의 넓이는 3입니다. 점들을 이어서 넓이가 7인 모양을 두 가지 방법으로 만드세요.

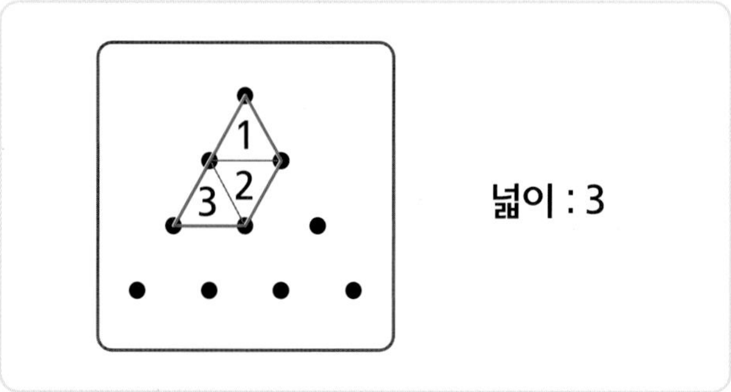

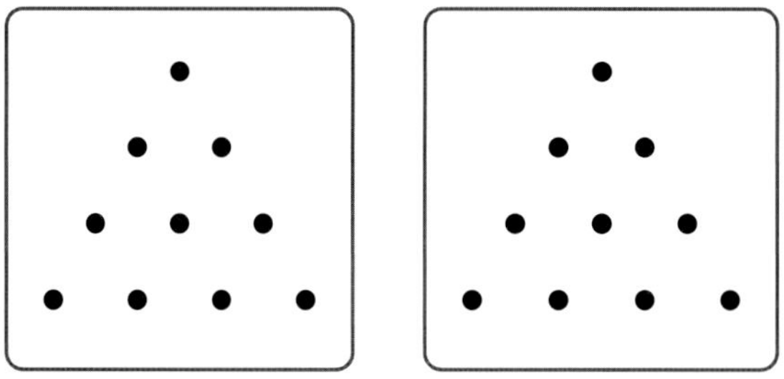

11 무우는 자신의 물통에 초록색 구슬을 한 개 넣고 상상이는 자신의 물통에 빨간색 구슬을 한 개 넣었습니다. 각자 자신의 물통의 물이 넘치려면 적어도 몇 개의 구슬을 더 넣어야 할까요?

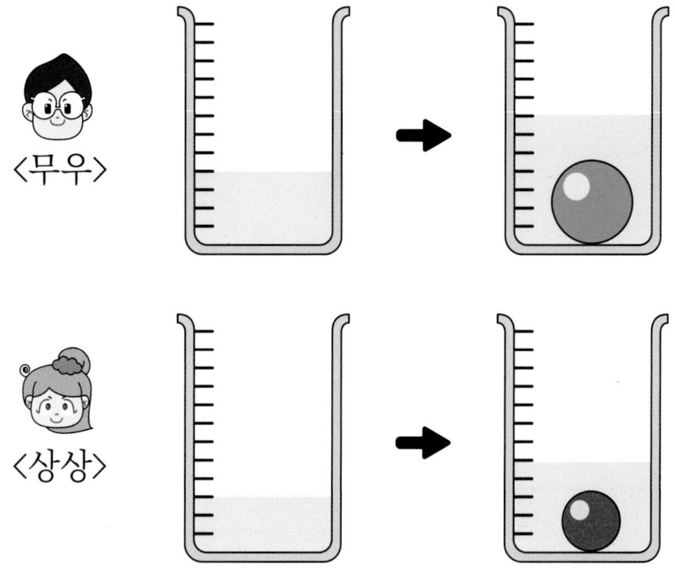

12 ㉠, ㉡의 각 도형에서 검은색과 회색 중 어느 색이 더 넓을까요?

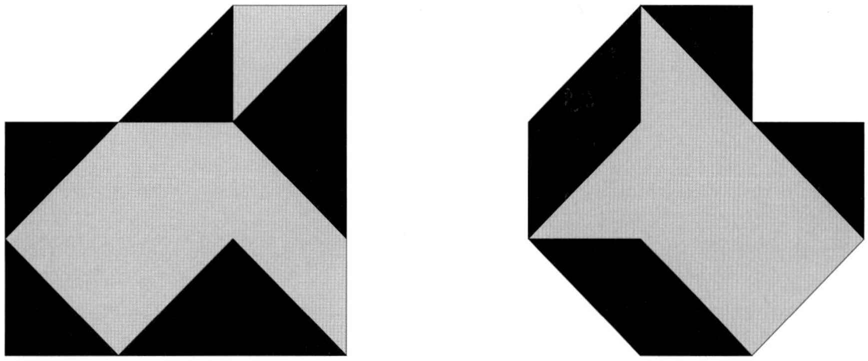

㉠ ㉡

01 아래와 같은 조각이 각각 여러 개 있습니다. 이 조각을 이용해 각 모양을 덮어 넓이를 비교하려고 합니다. 넓이가 넓은 것부터 순서대로 기호를 적으세요.

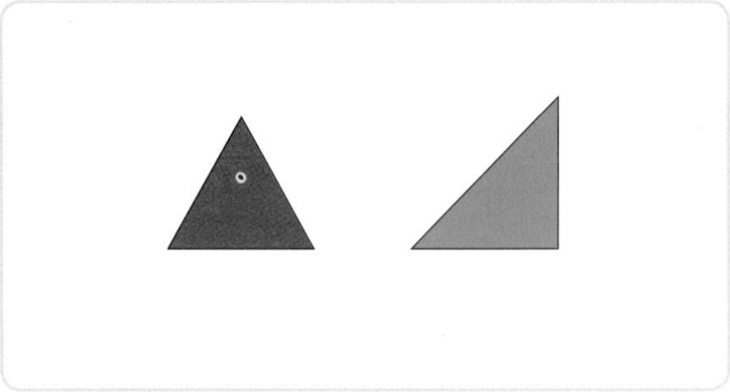

㉠

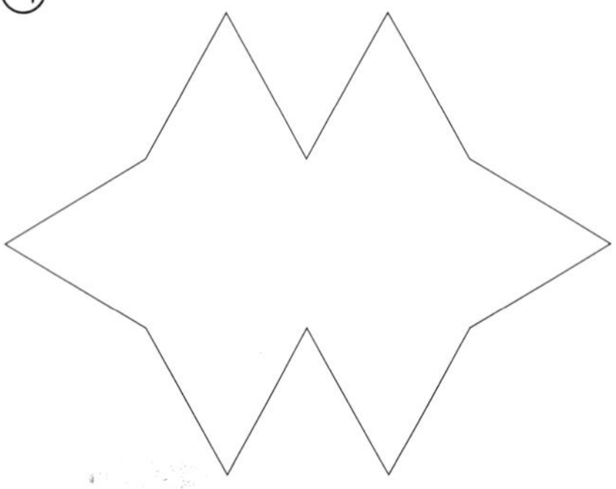

㉡

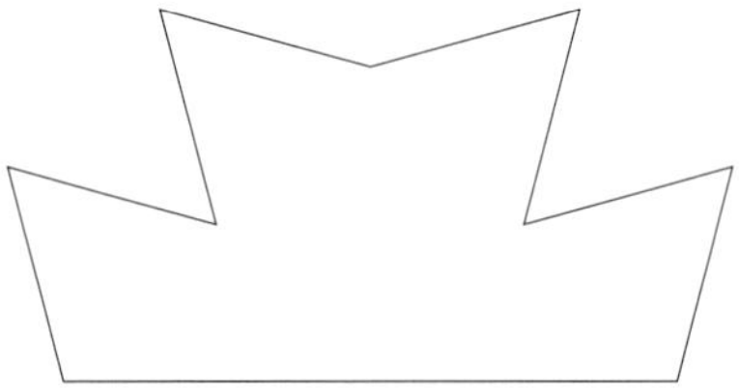

㉢

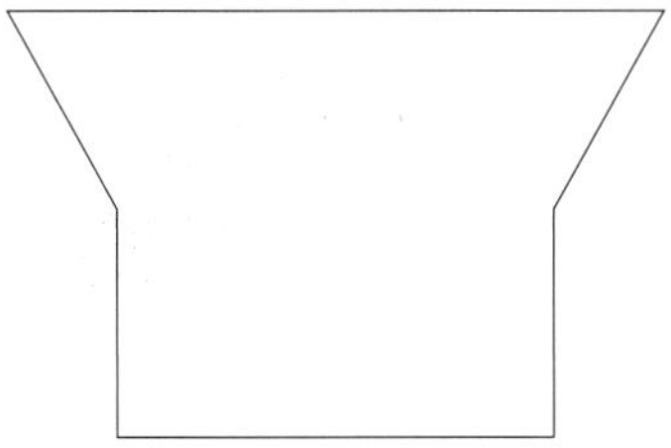

㉣

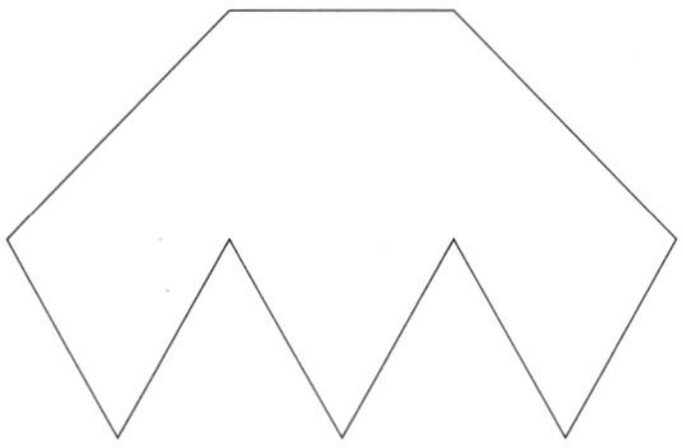

정답 및 풀이 P.20

02 아래와 같이 부분적으로 어둡게 칠한 도형을 〈그림〉과 같은 모양으로 잘랐을 때, 색칠된 부분이 가장 많을 때와 가장 적을 때를 각각 그리세요.

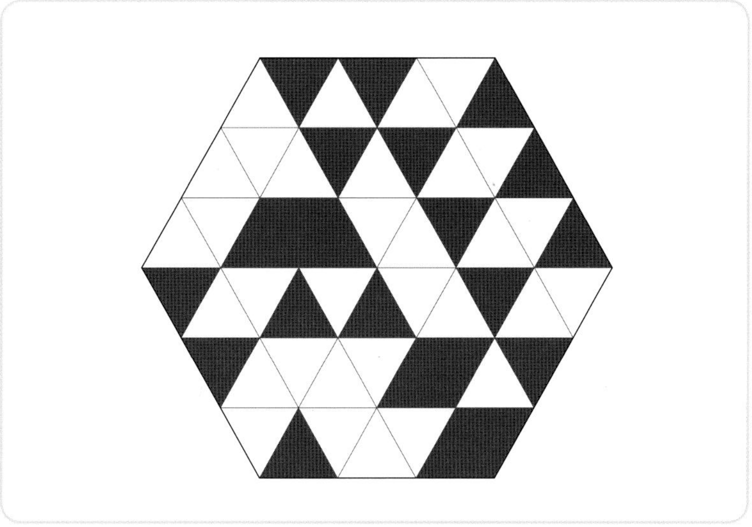

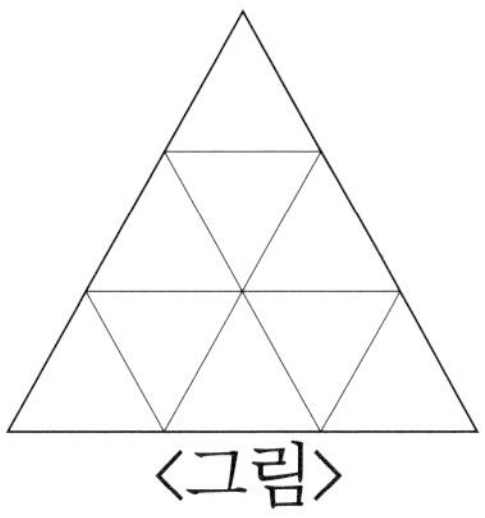

〈그림〉

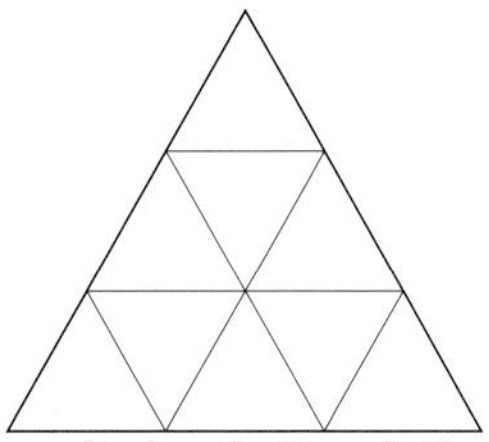

가장 많은 경우

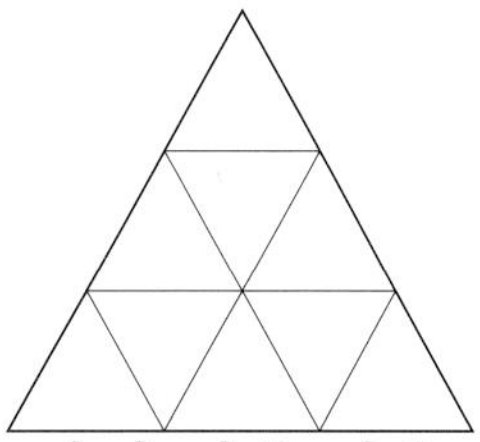

가장 적은 경우

03 A와 같이 들이가 같은 두 물통에 각각 구슬이 여러 개 들어있습니다. B와 같이 두 물통의 구슬이 한 개만 남도록 구슬을 꺼냈습니다. B에서 두 물통에 한 개씩 남은 구슬을 꺼냈을 때, C에서는 어떤 물통의 물이 더 많이 남아있을까요?

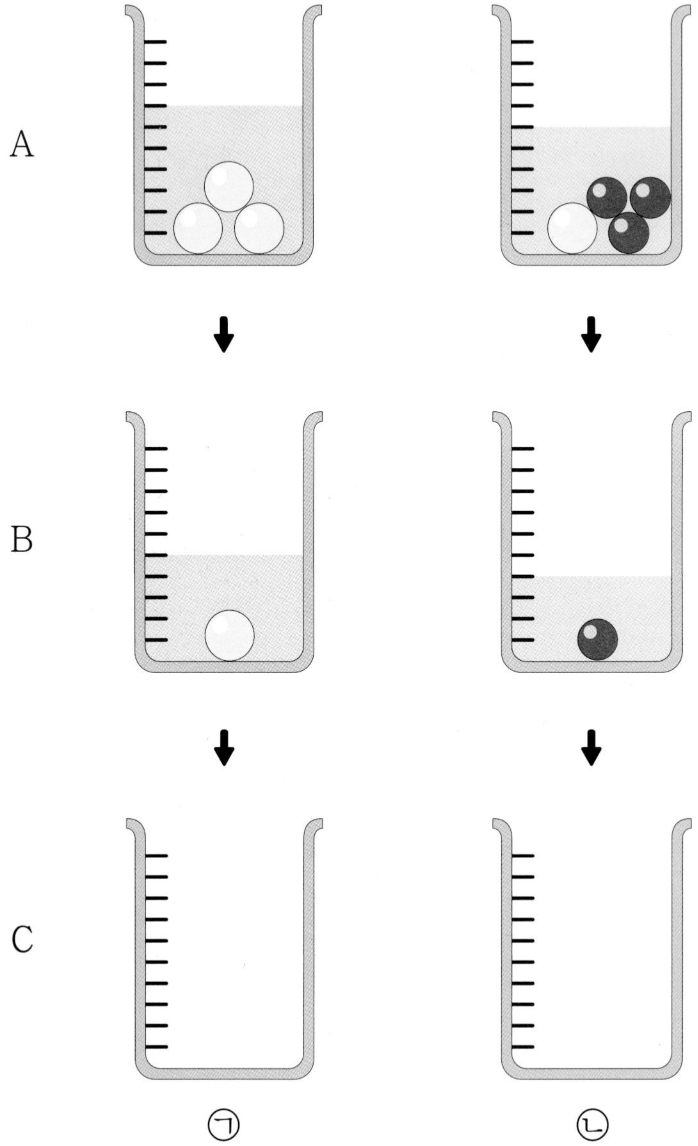

정답 및 풀이 P.21

04 규칙에 따라 첫 번째에는 노란색 구슬 2개를 넣고 두 번째에는 노란색 구슬 1개를 꺼냈습니다. 처음으로 물통의 물이 넘칠 때는 몇 번째일까요?

〈규칙〉

① 홀수 번째에는 물통 안에 노란색 구슬 2개를 넣습니다.

② 짝수 번째에는 물통 안에 노란색 구슬 1개를 꺼냅니다.

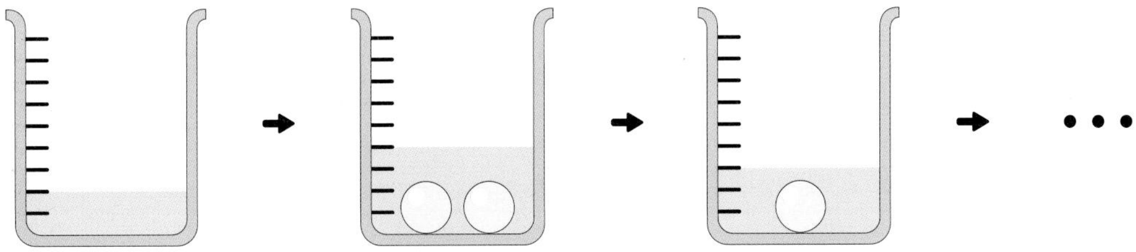

첫 번째　　두 번째

01 아래는 어둡게 칠한 투명판 2개를 골라 완전히 겹쳐 놓은 것입니다. ㉠ ~ ㉥ 중 투명판 2개를 골라 겹쳐서 어두운 부분의 넓이가 가장 넓은 것을 만들려고 할 때, 골라야 하는 2개의 투명판을 찾으세요. (단, 투명판을 돌리거나 뒤집지 않습니다.)

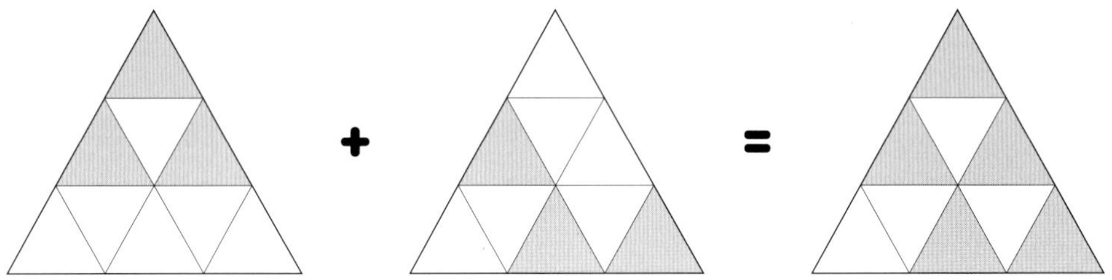

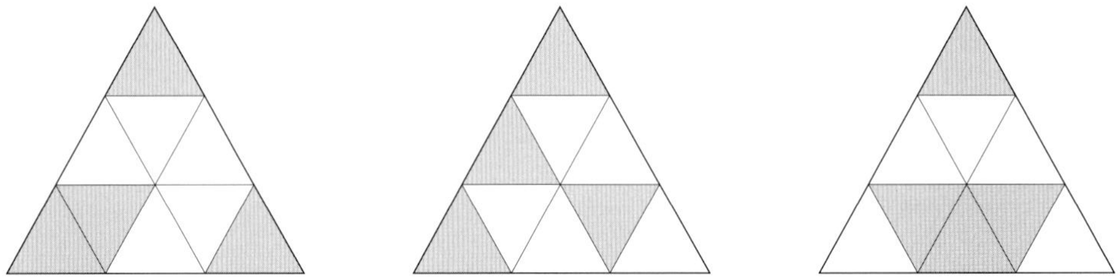

㉠ ㉡ ㉢

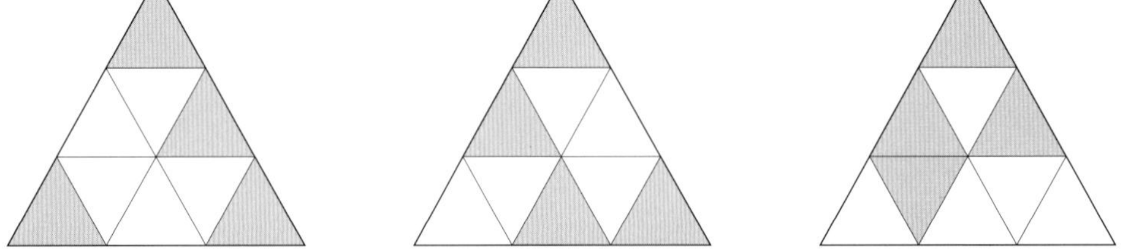

㉣ ㉤ ㉥

02
창의융합문제

오늘 똠얌꿍을 만들어 볼 거예요.
똠양꿍 물, 고수, 고추...
기대된당!
오호
무슨 요리를 배워 볼까?
따봉~
자 여기 보이는 3개의 물컵으로 큰 냄비를 가득 채워 봅시다~
물을 담아야지
얼른 준비부터!
얼른!
물을 가득 채운 3개의 물컵을 모두 한 번 이상 써야 합니다.
고민되넹
흐음
흠.. 난 각각 두 번씩 써야지.
난 알알이랑 다른 방법으로 채워봐야겠다.
나도 나도~!
나도 각 물컵을 사용하는 횟수를 다르게 해야지.

들이가 서로 다른 3개의 물컵을 모두 사용하여 큰 냄비에 물을 가득 채우려고 합니다.

알알이는 각 컵의 물을 채워 ㉠ 컵으로 2번, ㉡ 컵으로 2번, ㉢ 컵으로 2번 부었더니 큰 냄비에 물이 가득 찼습니다.

이때, 나머지 친구들이 3개의 물컵을 모두 사용해 큰 냄비를 채우는 방법을 모두 찾으세요.

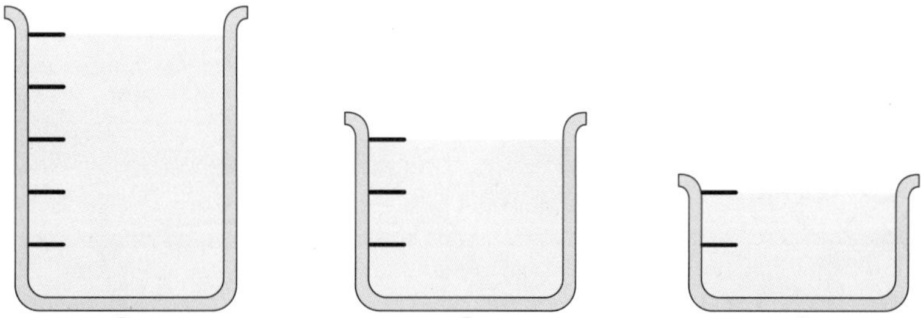

㉠ ㉡ ㉢

태국에서 셋째 날 모든 문제 끝~!
푸켓으로 이동하는 무우와 친구들에게 어떤 일이 일어날까요?

발바닥 모양?

??

여기 봐~ 발자국 모양과 내 발바닥 모양이 달랑!
대부분 사람들의 발바닥 가운데가 움푹 들어갔어.
오잉?
그 이유가 뭘까?
모르겠는데.. 그냥 이뻐서?
글쎄..
음..
골똘..~
아치형 다리를 생각해봐. 위로 둥근 모양이어서 위에서 눌러도 무너지지 않지.
아하!~
아~ 그럼.. 몸무게?
맞아! 걸을 때, 우리의 몸무게를 잘 지탱해 주려고 둥근 거야.
어떡햏..
아하! 신기하다.. 근데 평평한 발인 사람들은 걷는데 불편하겠다..

4. 무게 비교

푸켓
여긴 태국에서 가장 큰 섬이야.
뿌우우
바닷가 놀러 가자~!
헤헤
빠통 비치
와~ 바다당! 사람 엄청 많앙.
너무 깊은 곳까지 가지 말자!
놀자~!
저기 놀이터가 있네?
난 저기서 시소 탈래~
오예~
나도 나도 같이 타장.
우리 넷 중에 누가 가장 무거울까?
재밌다
난.. 아닐거양..!

치앙마이
태국
Thailand
방콕
파타야
푸켓

태국 넷째 날 DAY 4

태국에서 넷째 날, 푸켓에 도착했어요. 푸켓에 있는 <빠통 비치>, <나카 시장>, <왓찰롱 사원>, <피피섬>을 방문할 예정이에요. 자, 그럼 <빠통 비치>에서 시소를 타고 있는 친구들과 함께 수학 문제를 풀어볼까요?

1. 무게 비교하기

무우, 상상, 알알, 제이 중 두 명씩 시소에 앉았습니다. 무거운 순서대로 이름을 적으세요.

저울은 무게가 더 무거운 쪽이 아래로 내려갑니다.
그림과 같이 △, □, ● 의 무게를 비교할 수 있습니다.
△ 은 □ 보다 더 가볍습니다.
□ 은 ● 보다 더 가볍습니다.
따라서 무거운 순서는 ●, □, △ 입니다.

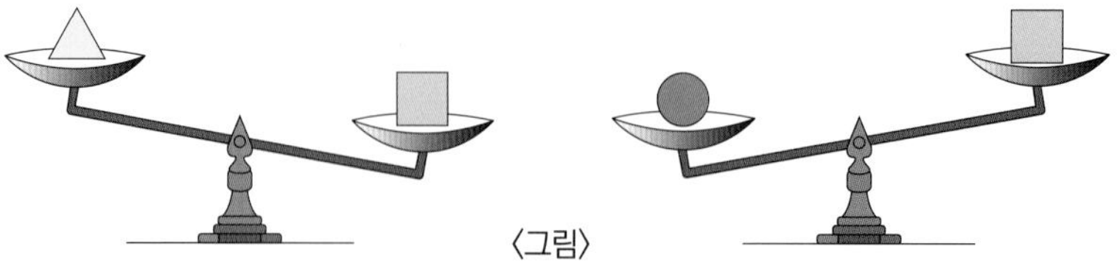

〈그림〉

시소에서는 아래로 내려간 쪽이 더 무겁습니다.
위 그림을 보면 무우가 알알이보다 더 무겁습니다.
제이가 상상이보다 더 무겁습니다. 알알이가 제이보다 더 무겁습니다.
따라서 무거운 사람부터 적으면 무우, 알알, 제이, 상상이 순서입니다. (정답)

2. 저울산

나카 시장
Welcome
NAKA MARKET
츄릅
우리 과일 좀 사 먹을까?
좋앙~!
맛있겠당
저울에 수박 2개의 무게가 망고 몇 개의 무게와 같은지 구하면 과일을 공짜로 줄게요.
못 맞출걸?!
얼른 해보자 얘들아~!

수박의 무게는 사과 3개의 무게와 같고 사과 2개의 무게는 망고 1개의 무게와 같습니다. 수박 2개의 무게는 망고 몇 개의 무게와 같을까요?

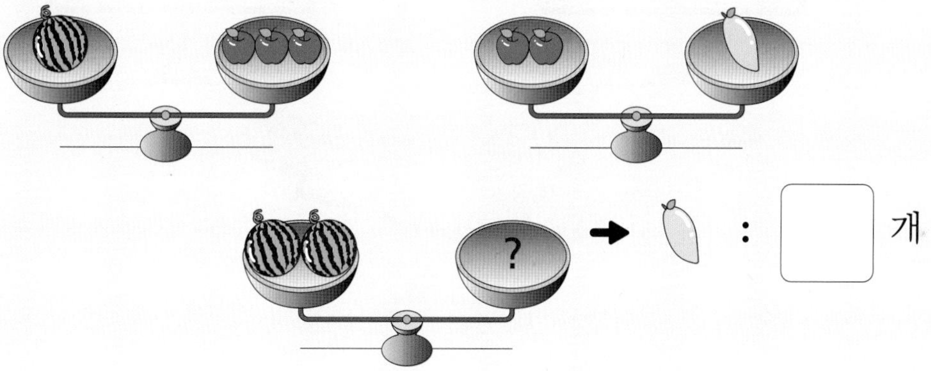

?
:
개

설명

양쪽에 같은 무게만큼 도형을 놓으면 저울이 수평이 됩니다.

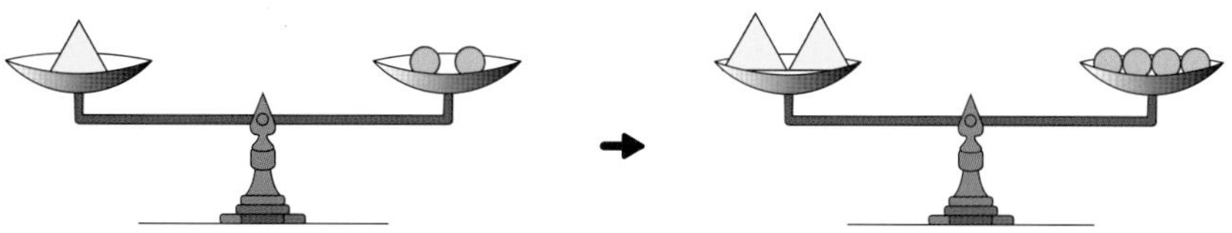

정답

〈그림 1〉과 같이 수박 2개의 무게는 사과 6개의 무게와 같습니다.
〈그림 2〉와 같이 사과 6개의 무게는 망고 3개의 무게와 같습니다.
따라서 〈그림 3〉과 같이 수박 2개의 무게는 망고 3개의 무게와 같습니다. (정답)

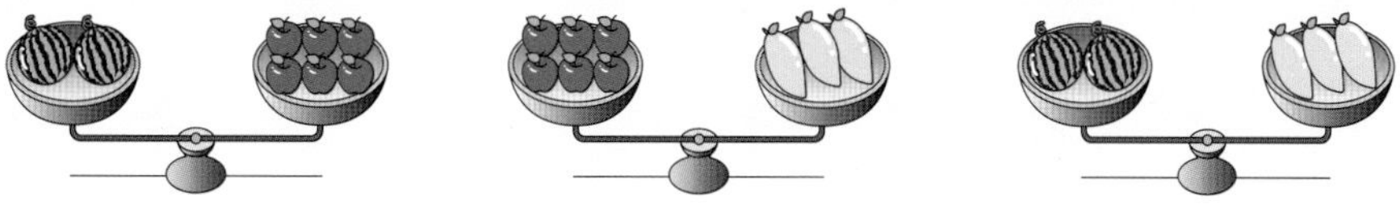

〈그림 1〉 〈그림 2〉 〈그림 3〉

4 대표문제

1 단계 . 무게 비교하기

왓찰롱 사원
으리으리
저쪽에 목걸이 공방이 있대
가보장~!
- 멋진걸
무게가 다른 4개의 조각을 이용해 목걸이를 만들어 볼 거예요~ 가장 무거운 모양부터 찾아볼래요?
저울을 이용하자!
아하! -
- 호호
어떻게 찾징??

서로 다른 무게의 모양 4개를 저울 위에 올려 놓고 무게를 비교했습니다. 무거운 모양부터 차례대로 그리세요.

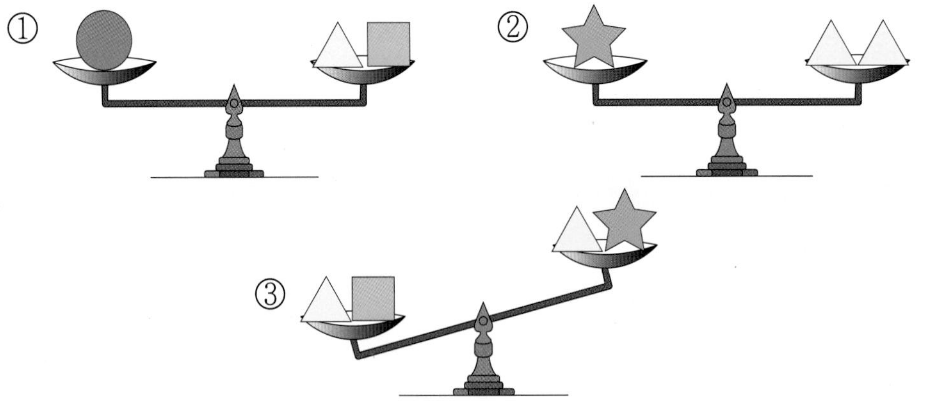

①
②
③

Step 1 위 ③번 그림에서 ■ 과 ★ 중에 어떤 모양이 더 무거울까요?

Step 2 위 ②번 그림에서 △ 과 ★ 중에 어떤 모양이 더 무거울까요?

Step 3 가장 무거운 모양은 무엇일까요?

Step 4 무거운 모양부터 차례대로 그리세요.

Step 1 △ 을 빼면 오른쪽 〈그림〉과 같이 ■ 은 ★ 보다 더 무겁습니다.

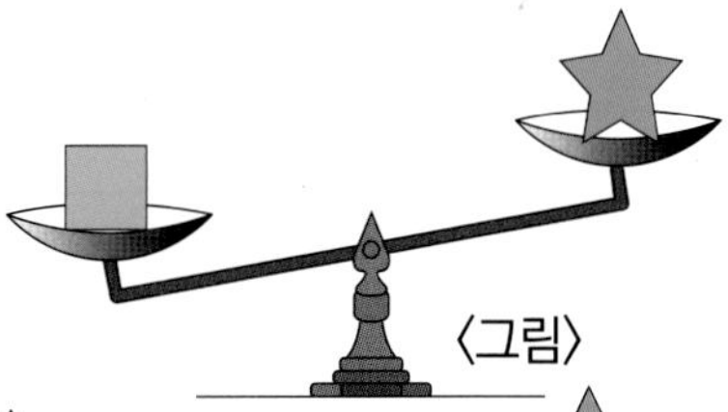

〈그림〉

Step 2 ②번 그림에서 ★ 의 한 개의 무게는 △ 2개의 무게와 같으므로 ★ 은 △ 보다 더 무겁습니다.

Step 3 ①번 그림에서 ● 은 ■ 보다 더 무겁습니다. 위 Step 1 에서 ■ 은 ★ 보다 더 무거우므로 가장 무거운 모양은 ● 입니다.

Step 4 따라서 무거운 모양부터 그리면 ●, ■, ★, △ 순서입니다.

정답 : ●, ■, ★, △

확인하기 1

무우, 상상, 알알, 제이 네 명의 몸무게를 비교한 것입니다. 무거운 사람부터 차례대로 이름을 적으세요.

무우 : 내 몸무게는 상상이의 몸무게보다 가벼워!

상상 : 내 몸무게보다 무거운 사람은 2명이야

제이 : 내 몸무게는 알알이의 몸무게보다 무거워

확인하기 2

똑같은 고무줄 4개에 무게가 서로 다른 모양 4개를 매달아 놓았습니다. 무거운 모양부터 차례대로 기호를 적으세요.

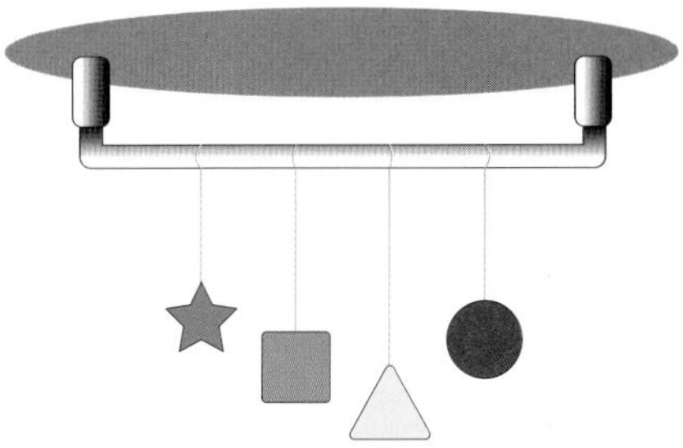

㉠ ㉡ ㉢ ㉣

2 단계 . 저울산

피피섬
맑은 물에서 스노쿨링 할거야
~ 와~
힘들엉..
배 타고 2시간 만에 여기를 왔네..
저기 과일들과 저울이 있네??
??
엥..?
포도 먹고 싶엉~!

똑같은 무게의 추와 저울을 사용하여 사과 2개, 망고 2개, 포도 2개의 무게를 각각 비교했습니다.
저울 위에 사과 1개, 망고 1개, 추 1개를 놓았을 때, 수평이 되기 위해 포도를 몇 개 올려야 할까요?

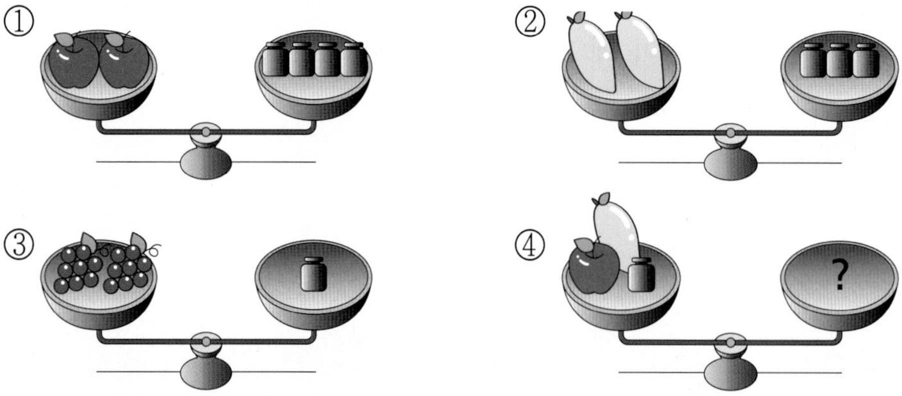
①
②
③
④
?

Step 1 사과 1개의 무게는 포도 몇 개의 무게와 같습니까?

Step 2 망고 1개의 무게는 포도 몇 개의 무게와 같습니까?

Step 3 사과 1개, 망고 1개, 추 1개의 무게의 합은 포도 몇 개의 무게와 같습니까?

Step 1 〈그림 1〉에 따라 ①, ③으로 부터 사과 1개의 무게는 포도 4개의 무게와 같습니다.

Step 2 〈그림 2〉에 따라 ②, ③으로 부터 망고 1개의 무게는 포도 3개의 무게와 같습니다.

Step 3 사과 1개, 망고 1개, 추 1개의 무게 합은 포도 4 + 3 + 2 = 9개의 무게와 같습니다.

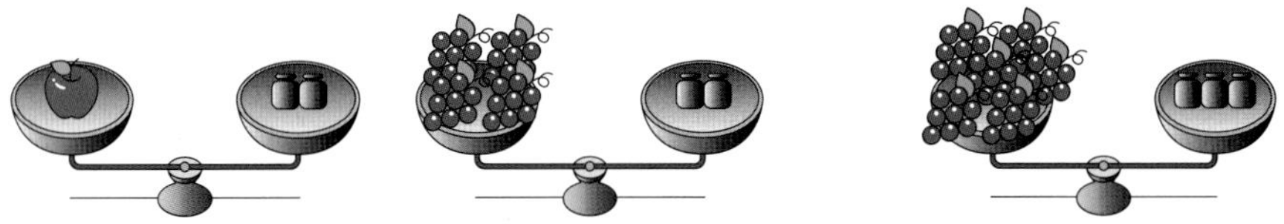

〈그림 1〉 〈그림 2〉

정답 : 포도 9개

확인하기 1

수박, 사과, 망고의 무게를 비교한 것입니다. 수박 1개와 망고 2개 무게의 합은 사과 몇 개의 무게와 같을까요?

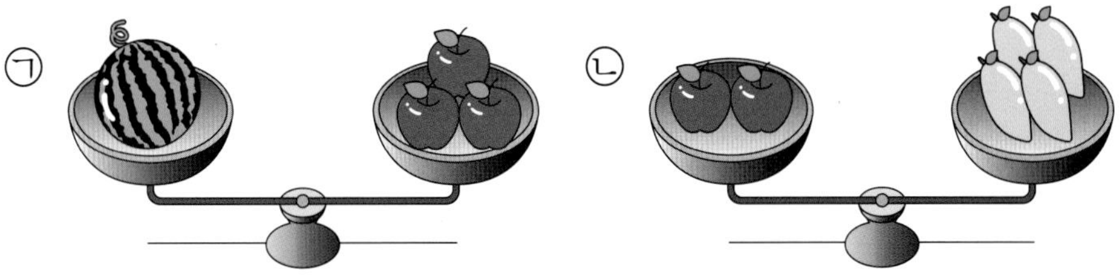

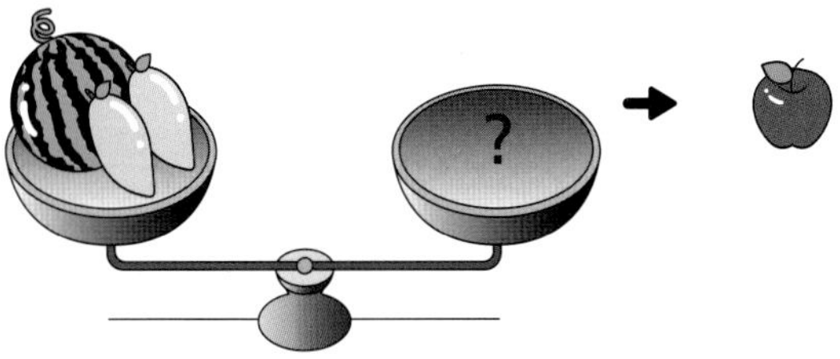

: □ 개

확인하기 2

똑같은 무게의 추와 저울을 이용해 모양의 무게를 비교했습니다. 저울이 수평이 되게 하려면 어느 쪽에 몇 개의 추를 더 올려놓아야 할까요?

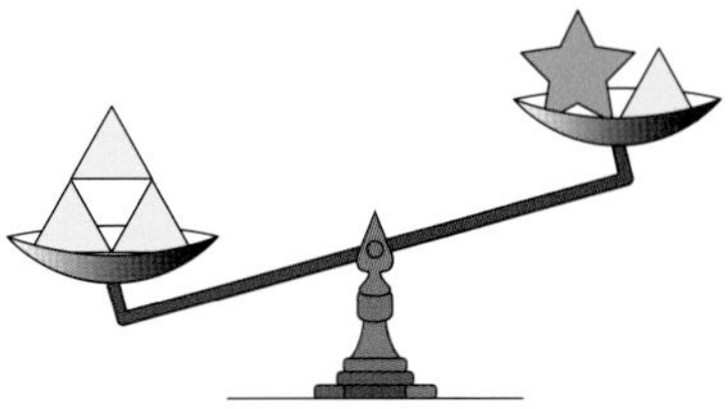

4 연습문제

01 무게가 서로 다른 3개 모양의 무게를 비교한 것입니다. ● 1개와 ■ 1개의 무게의 합은 △ 몇 개의 무게와 같을까요?

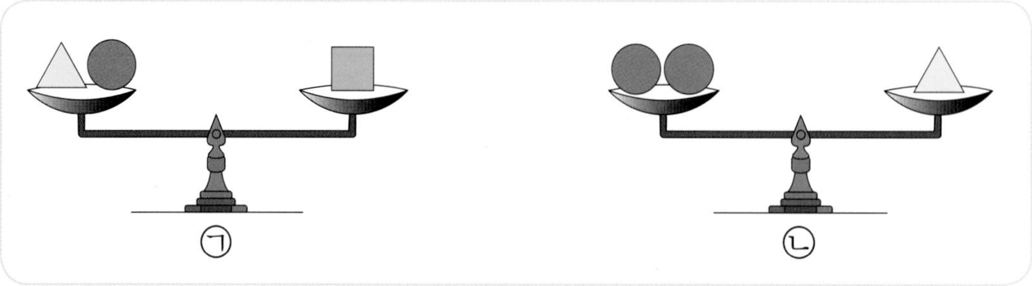

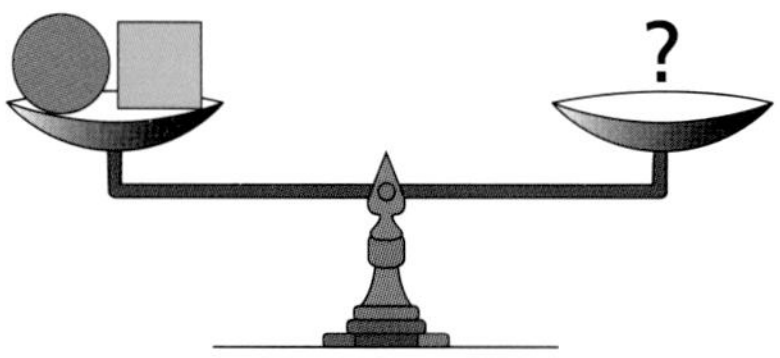

→ △ : □ 개

02 저울을 보고 무우, 상상, 알알, 제이는 모양의 무게를 비교했습니다. 무게를 바르게 비교한 사람은 누구일까요?

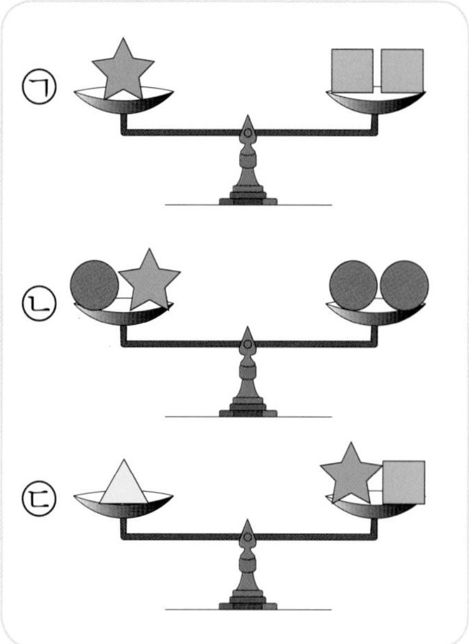

무우 : ★ 은 ■ 보다 더 가벼워~

상상 : ★ 보다 ● 이 더 무거워.

알알 : ■ 보다 △ 가 더 가벼워~

제이 : △ 는 ● 보다 더 무거워.

03 4개의 구슬의 무게를 비교한 것입니다. 무게가 서로 같은 구슬을 짝지어 기호로 적으세요.

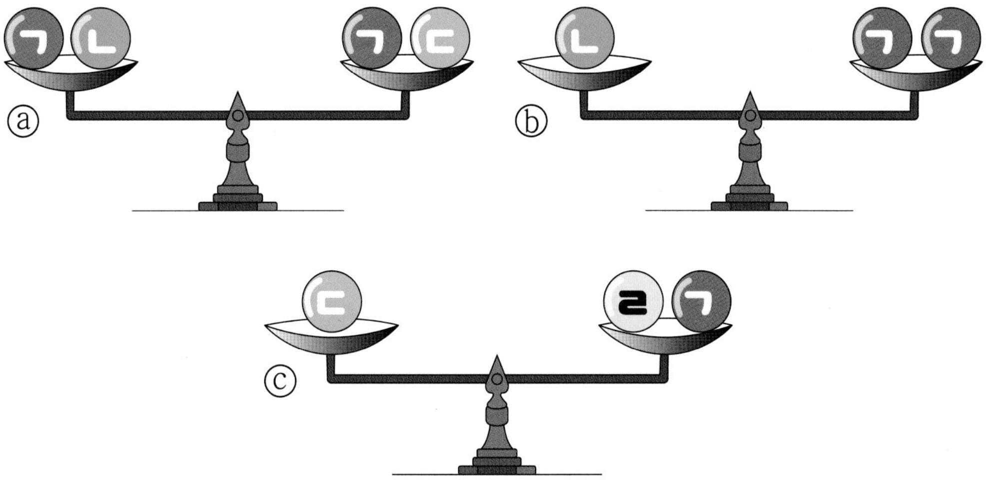

04 똑같은 무게의 추로 4개 모양의 무게를 비교했습니다. 가벼운 모양부터 차례대로 그리세요.

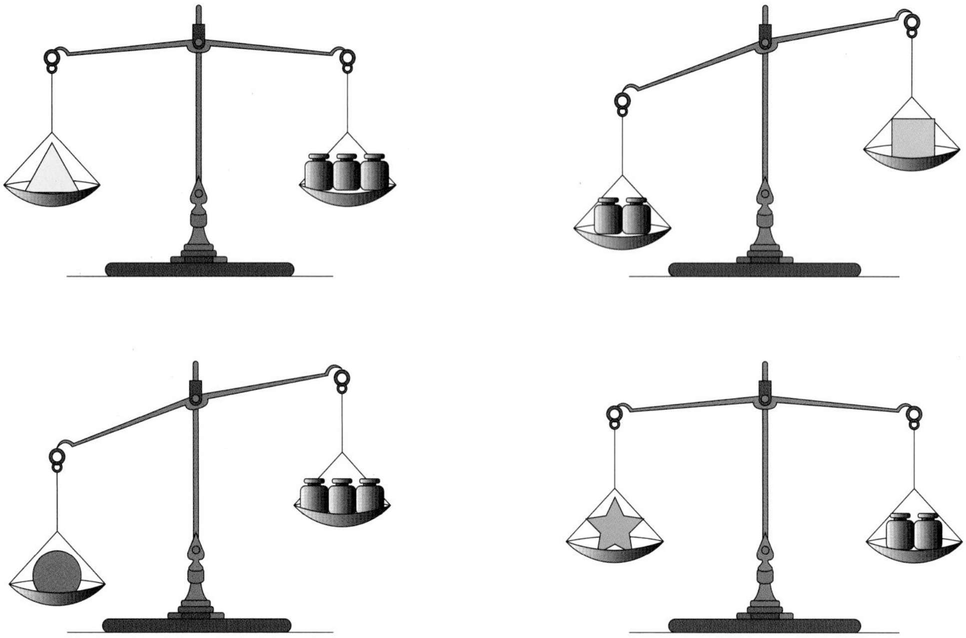

05 무게가 서로 다른 4개 모양의 무게를 비교한 것입니다. 그렇다면 저울의 왼쪽에는  모양 2개, 저울의 오른쪽에는  모양 1개를 올려놓았을 때, 어느 쪽으로 기울어질까요?

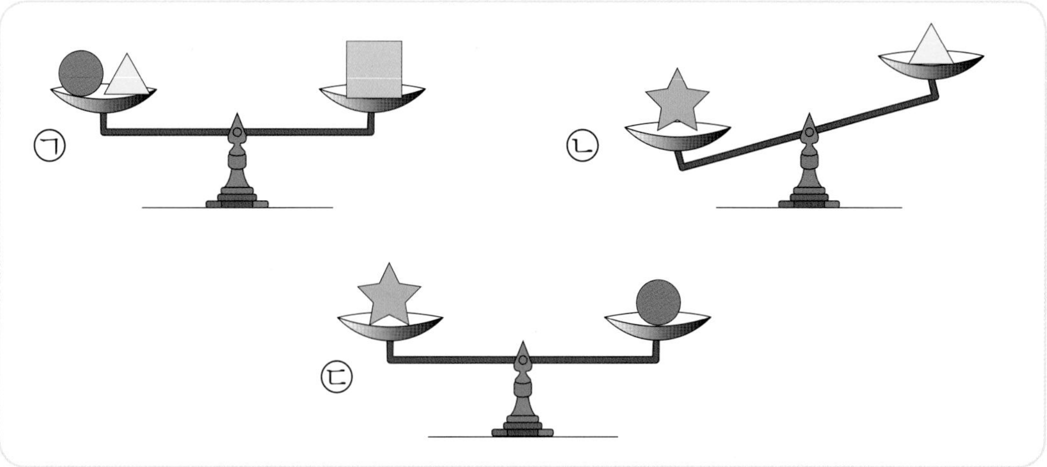

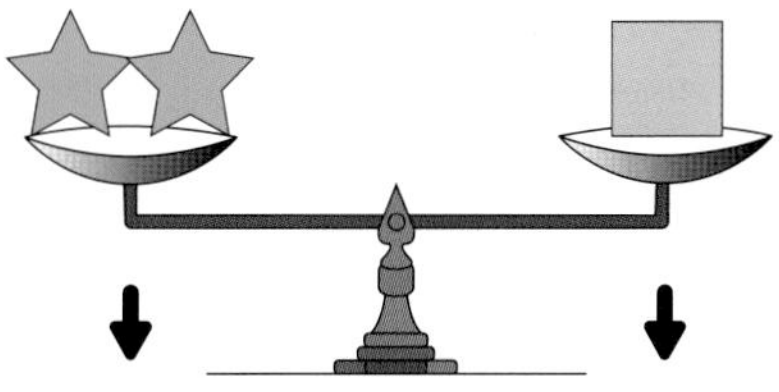

06 ㉠, ㉡과 같이 똑같은 무게의 추와 저울을 이용해 모양의 무게를 비교했습니다. 그렇다면 아래 저울이 수평이 되려면 어느 쪽에 몇 개의 추를 더 올려놓아야 할까요?

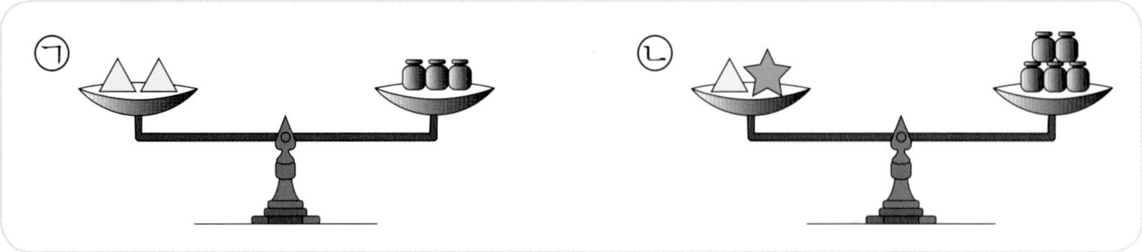

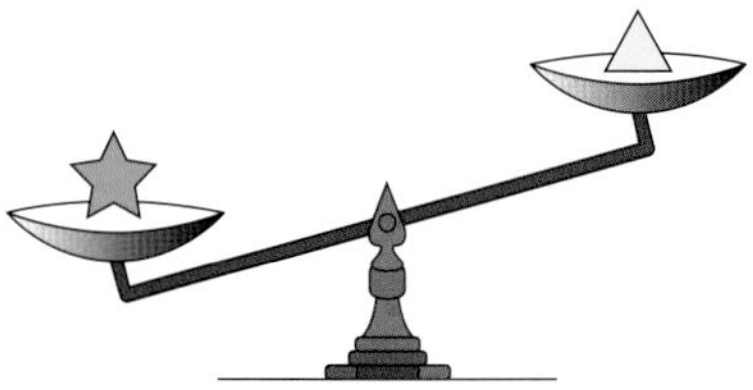

07 무게가 서로 다른 구슬 4개의 무게를 비교한 것입니다. 무거운 순서대로 기호를 적으세요.

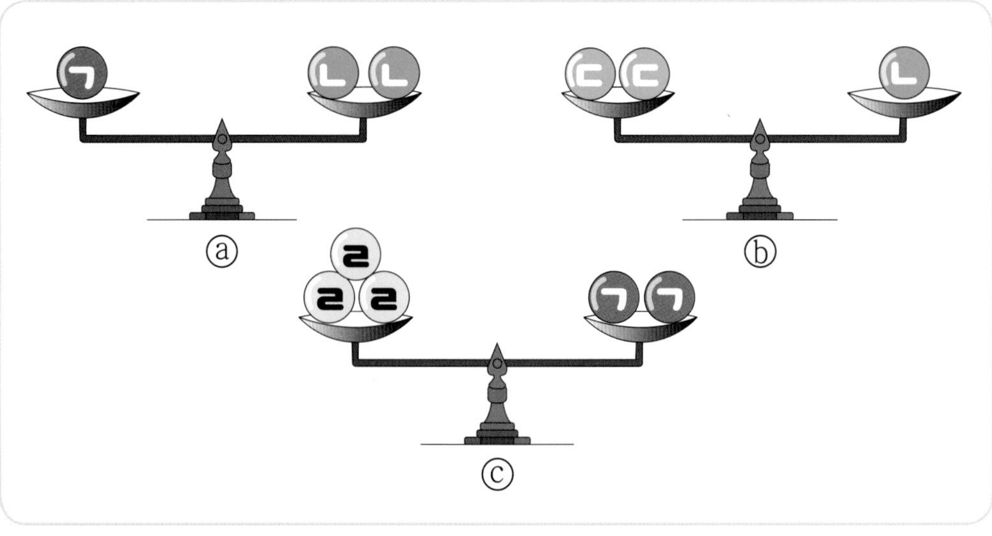

(, , ,)

정답 및 풀이 P.27

08 4개 구슬의 무게를 비교한 것입니다. 아래 저울 중에서 바르게 비교한 것을 찾으세요.

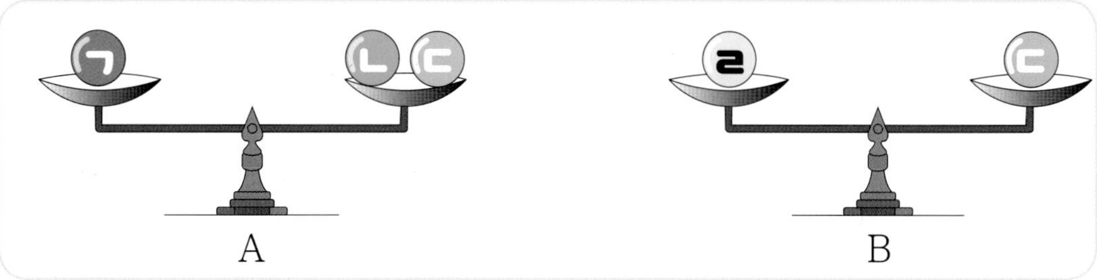

① 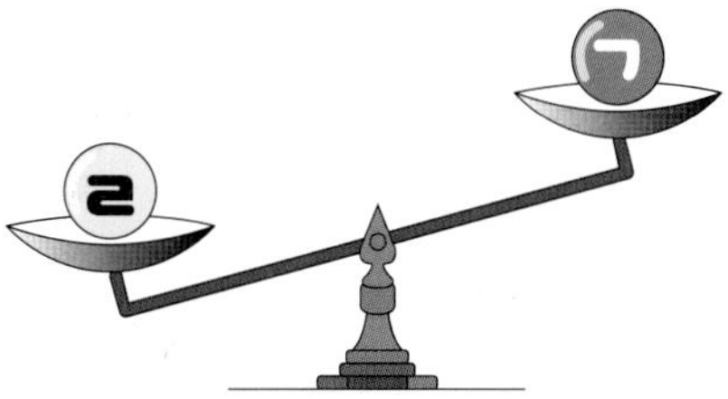

② 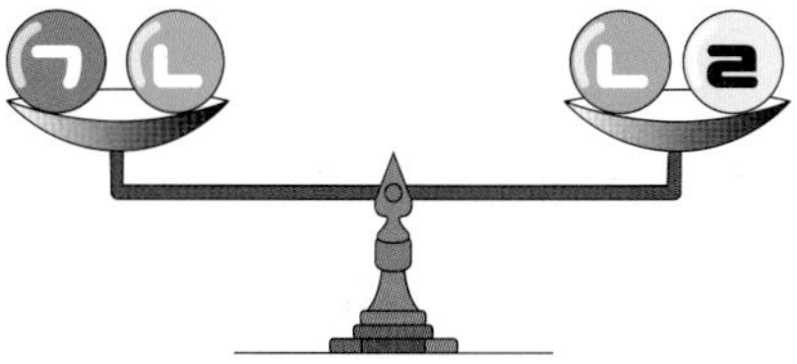

③ 

④ 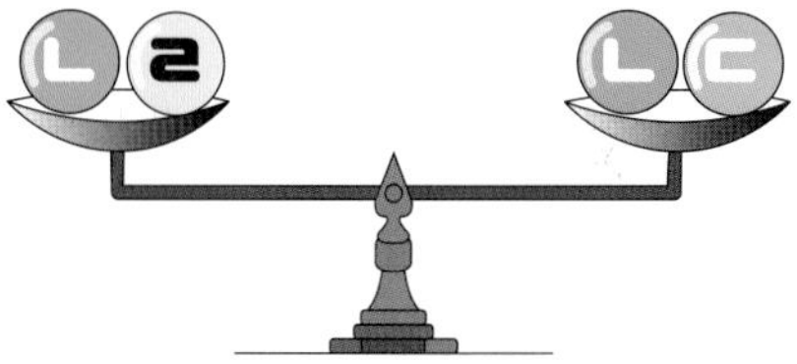

09 무게가 똑같은 수박과 3개의 구슬의 무게를 비교한 것입니다. 무거운 구슬부터 차례대로 기호를 적으세요.

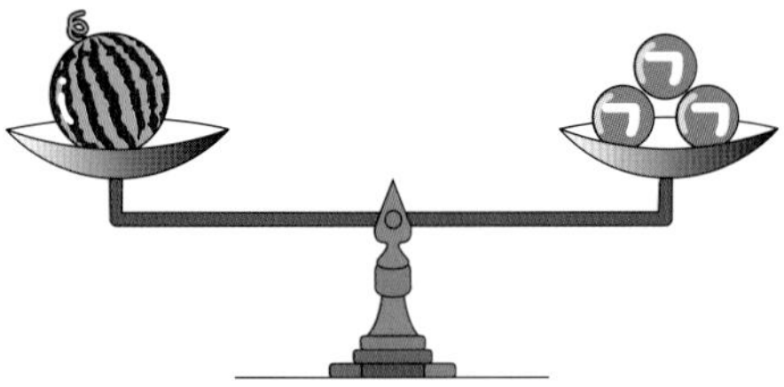

A

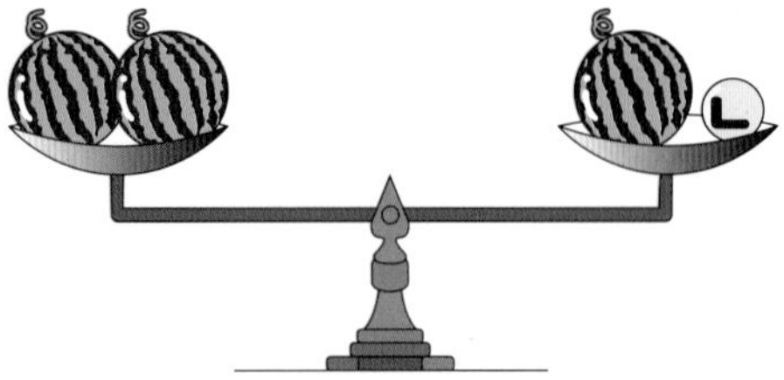

B

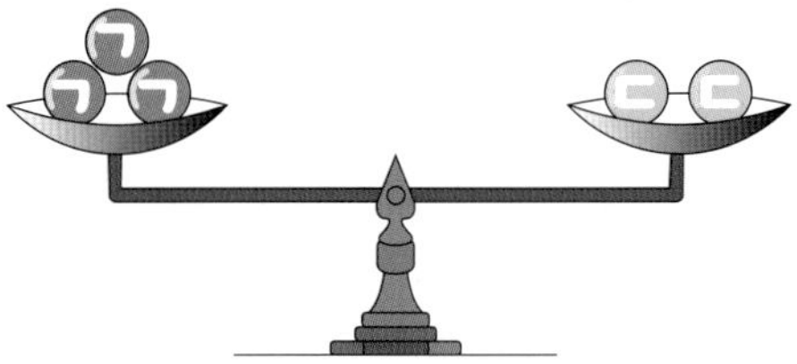

C

10 4개의 구슬의 무게를 비교한 것입니다. 무거운 구슬부터 차례대로 색깔을 적으세요.

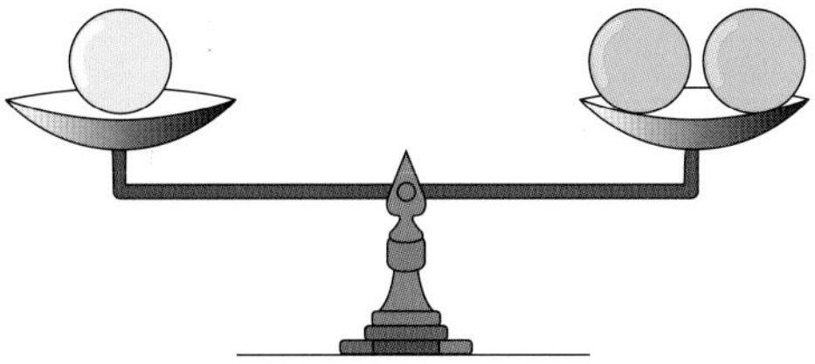

㉠

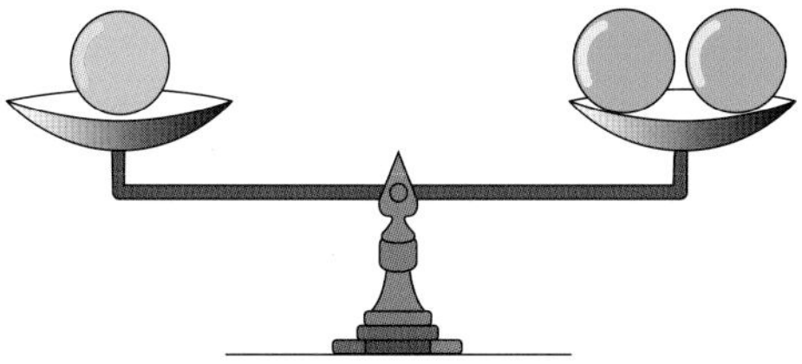

㉡

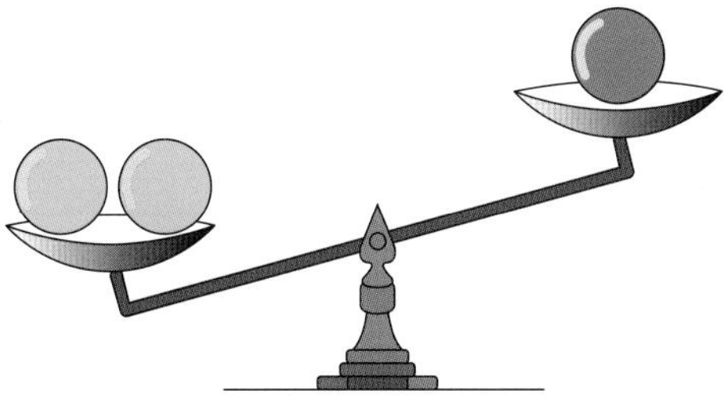

㉢

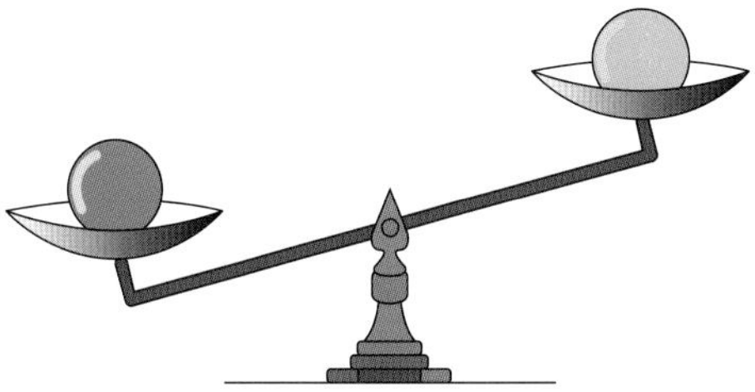

㉣

11 무게가 같은 추와 3개 모양의 무게를 비교했습니다. △ 한 개의 무게는 추 몇 개의 무게와 같을까요?

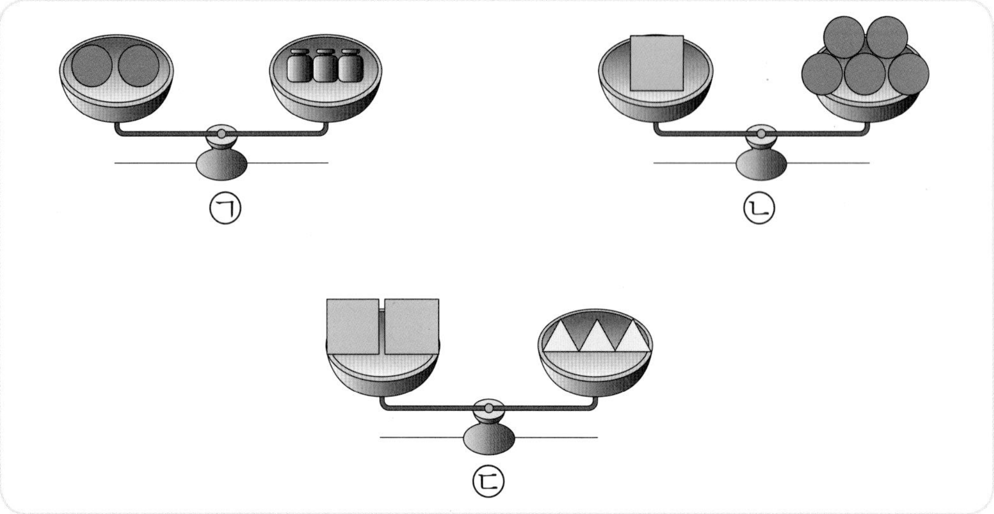

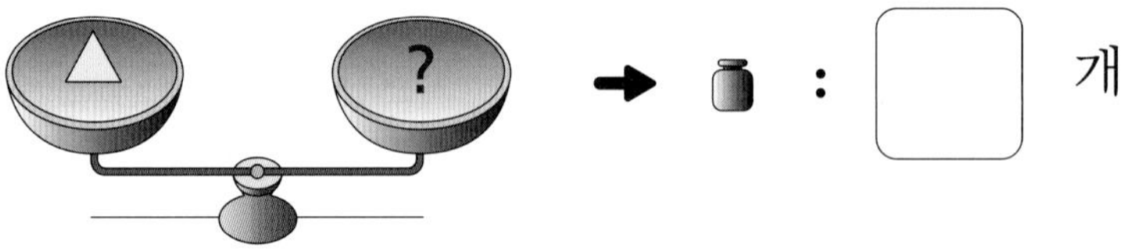

12 수박, 사과, 망고, 포도, 바나나의 무게를 비교한 것입니다. 망고 1개의 무게는 포도 몇 개의 무게와 같을까요?

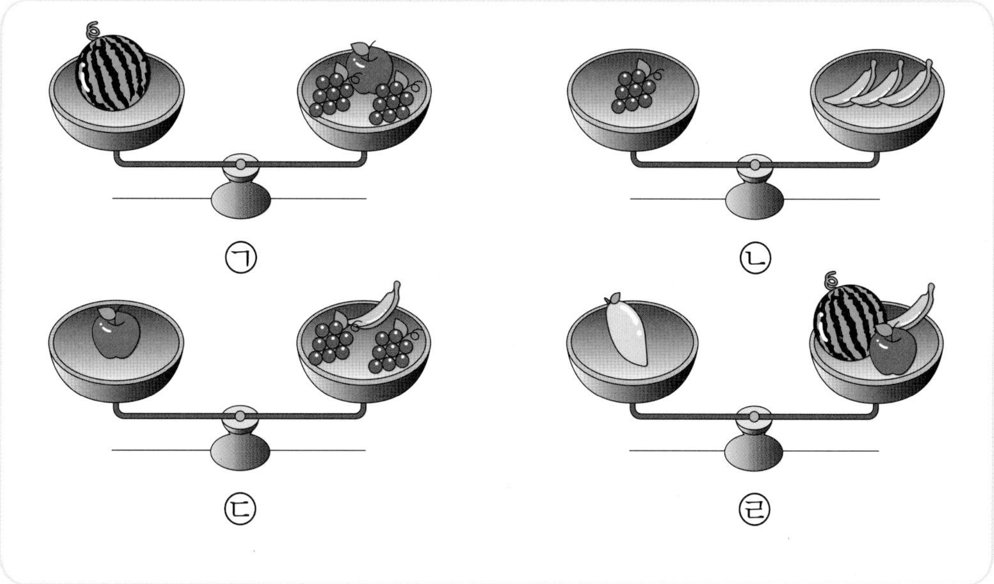

4 심화문제

01 저울 위에 추를 규칙대로 올려놓아 무게를 반복해서 쟀습니다. 접시의 무게가 3일 때, 9번째 저울의 눈금은 얼마일까요?

첫 번째

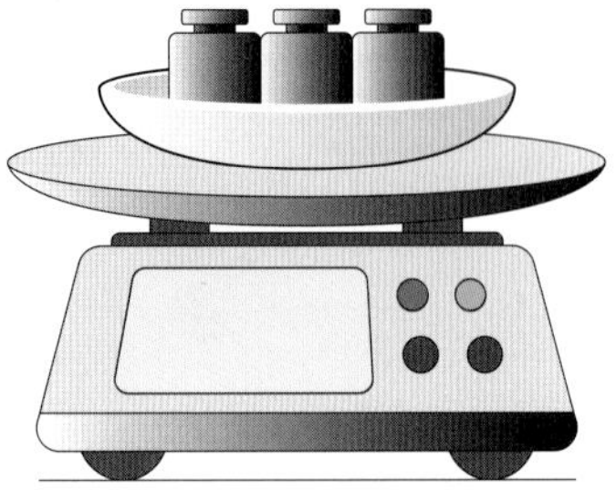

두 번째

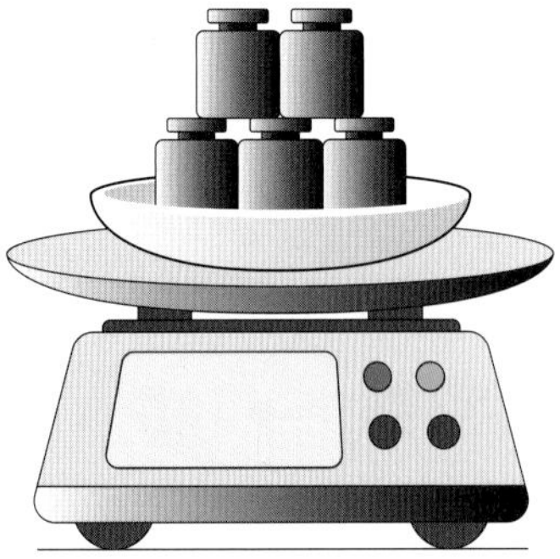

세 번째

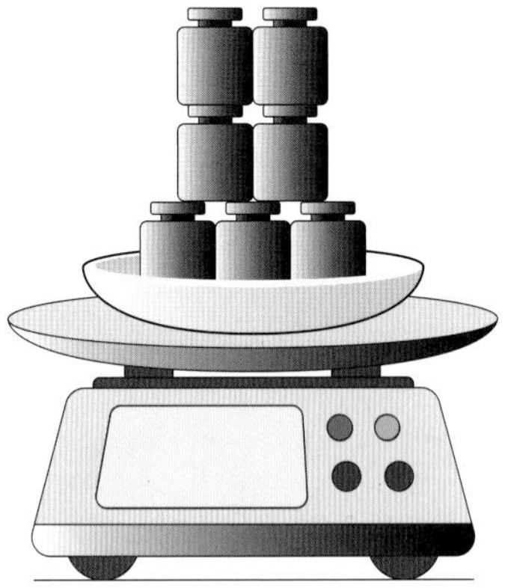

네 번째

정답 및 풀이 P.30

02 무게가 1인 추 3개, 무게가 2인 추 1개, 무게가 3인 추 1개가 있습니다. 인형의 무게가 4일 때, 저울 오른쪽 접시에 추를 놓아 수평을 만드는 방법은 모두 몇 가지일까요?

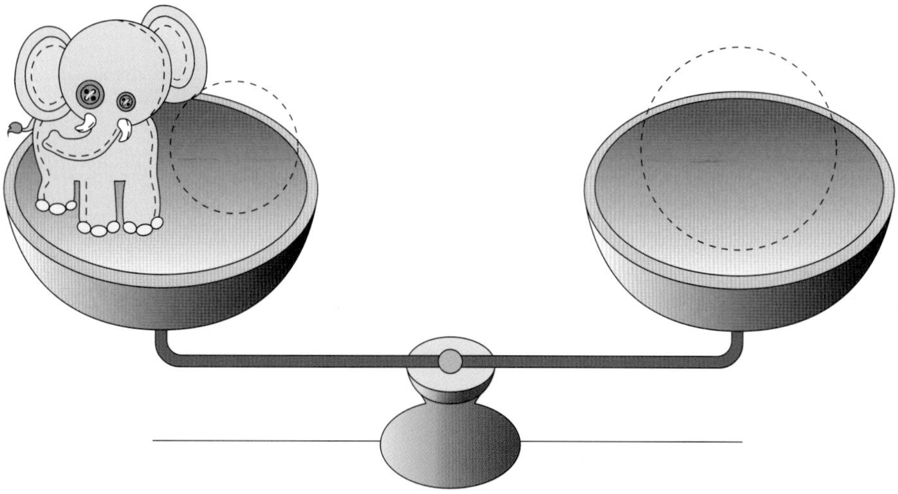

03 무게가 같은 추를 저울의 서로 다른 위치에 달아 수의 크기를 비교하는 방법입니다. 추 1개를 사용하여 저울을 수평으로 만들려면 어느 위치에 매달아야 할까요?

04 똑같은 무게의 추와 저울을 이용해 모양의 무게를 비교했습니다. 모양  의 무게가 추 10개의 무게와 같습니다. 저울 오른쪽에는  한 개 놓여있습니다. 저울 위에 3개의 모양을 더 놓아 수평을 만드는 방법을 모두 몇 가지일까요?

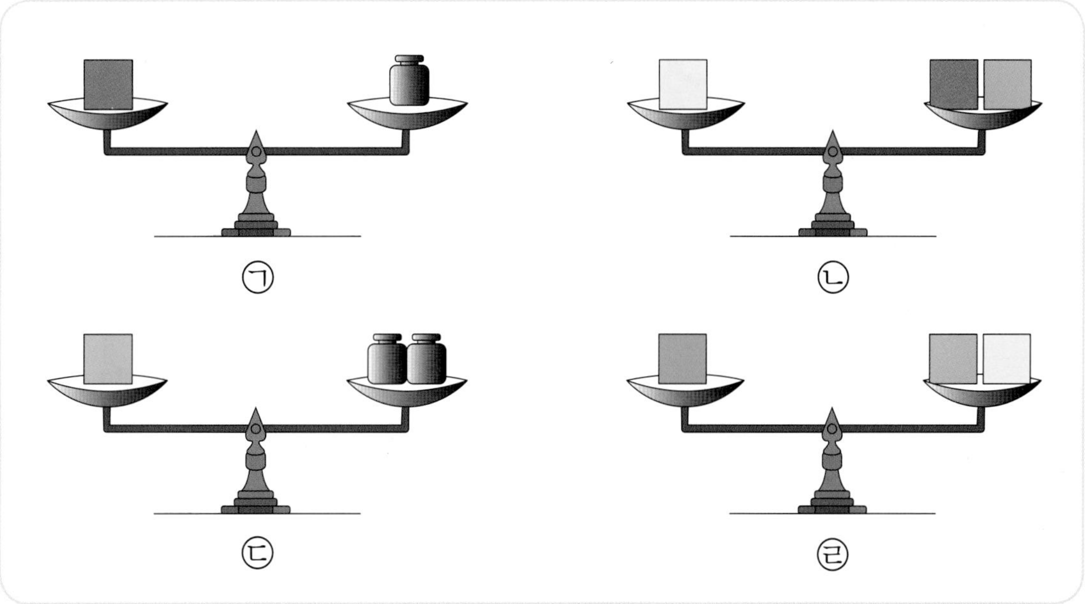

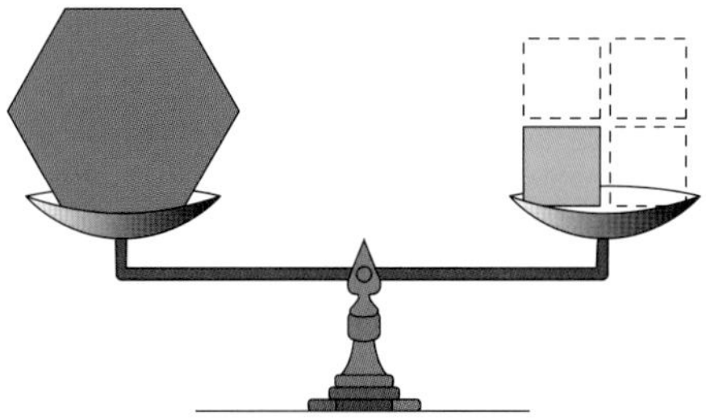

01 무우, 상상, 알알, 제이는 무게가 서로 다른 4가지 과일과 함께 시소를 타고 있습니다. 사람과 과일을 각각 무거운 것부터 차례대로 적으세요.

㉠

㉡

㉢

㉣

㉤

㉥

02
창의융합문제

더운 하루였어
헤롱헤롱
난 바다에도 들어가서 시원했는데~!
시장가서 과일도 꽁짜로 얻고!
엄지 척~
얘들아! 여기 저울이 있는데 각자 과일 한 개씩 양쪽 위에 올려 무게를 비교해 볼까?
오~ 좋아!!
후후
난 무거운 과일 찾아서 먹어야징~

저울의 양쪽의 과일을 각각 한 개씩 올려놓은 후 과일의 무게를 비교했습니다.
가장 무거운 과일과 가장 가벼운 과일을 각각 찾아보고, 무거운 순서대로 나열하려면 어떤 과일과 어떤 과일을 더 비교해야 할까요?

- 무우 : 수박과 포도를 올려놓으면 포도 쪽이 올라가~
- 상상 : 망고와 사과를 올려놓으면 망고 쪽이 내려가네..
- 알알 : 사과와 포도를 올려놓으면 사과 쪽이 올라가!
- 제이 : 망고와 수박을 올려놓으면 수박 쪽이 내려가!

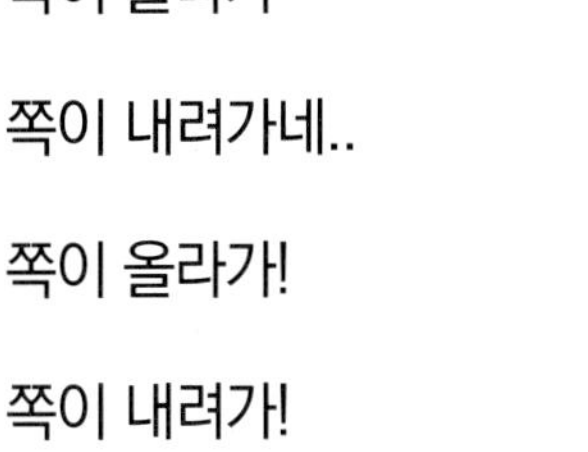

태국에서 넷째 날 모든 문제 끝~!
코사무이로 이동하는 무우와 친구들에게 어떤 일이 일어날까요?

자연 현상을 이용한 시계 ?

나 손목 시계 새로 샀당!! 이쁘징?
훗-
어머-
너와 잘 어울려~
과거에는.. 자연 현상을 이용해 시각을 알았지..
-껄껄
??
응? 어떻게 알았는데? 궁금하당!!
그림자의 위치로 시간을 알 수 있는 해시계가 있어.
또한, 물을 이용해 쇠구슬을 굴려 종을 쳐 시간을 알 수 있는 물시계도 있어.
아! 그럼 모래시계는 모래를 이용한 거넹!
정답!-
응 맞아. 모래의 양으로 시간을 알 수 있지.

5. 시계와 달력

코사무이
지금 송끄란 축제 기간이래~!
푸하하
잠깐 타임!!
무슨 축제??
물총으로 물을 뿌리며 더위를 물리치고 복을 빌어주는 거야.
물총 사러 가자~
오예~!
신난다~ 물놀이!
물총 사러 왔어요!!
허허~
재밌겠당~
송끄란 축제에 참가하려고 하는구나~
껄껄~
지금 시각으로부터 6시간 동안 이 물총들을 빌려줄게.
지금 몇 시지? 저기 시계가 있네.

치앙마이
태국
Thailand
방콕
파타야
코사무이
푸켓

태국 다섯째 날 DAY 5

태국에서 다섯째 날, 코사무이에 도착했어요. 코사무이에 있는 <송끄란 축제>에 참가하고 <피셔맨스 빌리지>, <보풋 선착장>을 방문할 예정이에요. 자, 그럼 먼저 <송끄란 축제>에 참가한 친구들은 어떤 수학 문제를 풀게 될까요?

1. 시계 보기

현재 시각을 나타낸 시계입니다. 상인이 6시간 동안 물총을 빌려준다고 했습니다. 무우와 친구들은 몇 시 몇 분까지 물총을 쓸 수 있을까요?

시계의 짧은바늘은 "시", 긴바늘은 "분"을 나타냅니다.
오른쪽 시계가 나타내는 시각은 7시 10분입니다.
1시간은 60분이고 1분은 60초입니다.
하루는 24시간이고 오전과 오후로 나눌 수 있습니다. 오전은 0시부터 낮 12시까지이고 오후는 낮 12시부터 밤 12시까지입니다.

짧은바늘이 10과 11 사이에 있고 긴바늘이 6을 가리키고 있습니다.
현재 시각은 10시 30분입니다.
10시 30분에서 6시간 후는 짧은바늘이 6칸을 움직이고 긴바늘은 6바퀴를 돌아서 똑같이 숫자 6을 가리키게 됩니다.

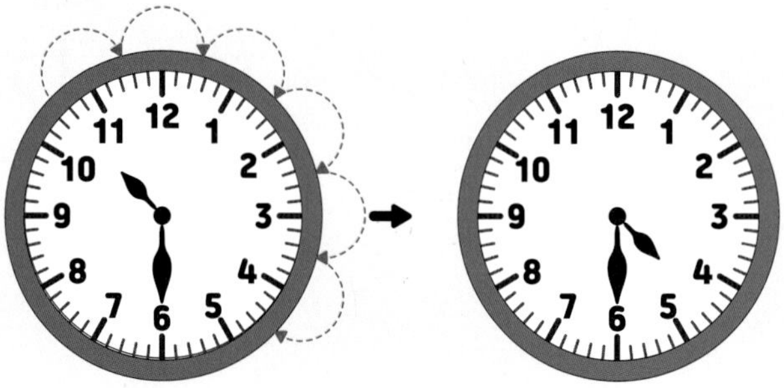

따라서 무우와 친구들은 4시 30분까지 물총을 쓸 수 있습니다. (정답)

2. 달력 보기

우리 물총도 빌렸으니 재미있게 축제를 즐겨보자
- 꺄르르
근데, 축제는 언제까지 해?
궁금해~
4월 13일에 축제가 시작했으니깐.. 도대체 언제까지 하는 거야...
축제는 3일 동안 한댕
- 으악!!
ㅋㅋ
어? 축제 끝나는 날로부터 3일 후는 내 생일이넹?!
그렇다면, 제이의 생일은?
까불지마라~
- 하..항복!!
알알아! 축제 끝나는 날 부터 차근차근 구해봐! 그럼 제이 생일을 알 수 있어~
움직이면 쏜다!
알겠어!
- 지원군이야!

제이의 생일은 몇 월 며칠일까요?

설명

달력에서 요일은 월요일, 화요일, 수요일, 목요일, 금요일, 토요일, 일요일으로 7개입니다.

1년 중 각 달은 〈표〉와 같이 다른 날수를 가집니다.

윤년에는 2월이 29일까지 있습니다.

1월	2월	3월	4월	5월	6월	7월	8월	9월	10월	11월	12월
31일	28일	31일	30일	31일	30일	31일	31일	30일	31일	30일	31일

〈표〉

정답

축제 시작한 날은 4월 13일이므로 〈표〉와 같이 13일부터 15일까지 3일 동안 축제가 열립니다.

축제가 끝나는 날은 4월 15일이므로 제이의 생일을 3일 후인 4월 18일입니다. (정답)

〈표〉

축제 시작		축제 끝			제이 생일
13일	14일	15일	16일	17일	18일

3일

1 단계 . 시계 보기

어? 저기 시계의 시각이 모두 달랑
흠..
긁적긁적
그러게~ 무슨 규칙이 있을까?
제이야~ 4개의 시계의 규칙을 찾아보고 5번째 시계는 어떤 시각을 나타낼지 생각해봐.
응! 먼저 규칙을 찾아볼겡

일정한 규칙에 따라 시계가 놓여있습니다. 다섯 번째 시계에 긴바늘과 짧은 바늘을 알맞게 그리세요.

첫 번째　　두 번째　　세 번째　　네 번째

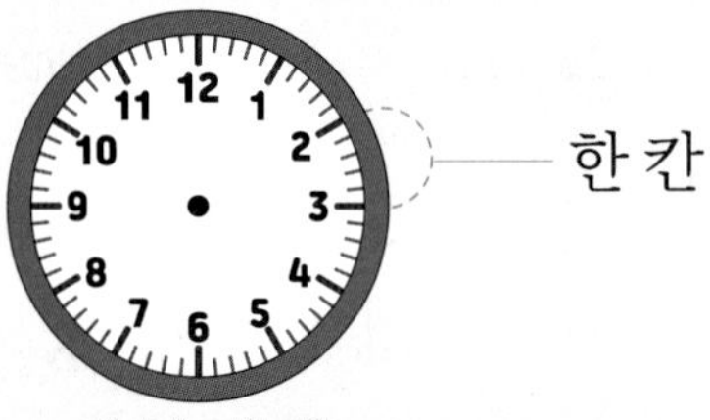
한 칸

다섯 번째

Step 1 첫 번째 시계부터 네 번째 시계까지 각 시계가 나타내는 시각을 적으세요.

Step 2 긴바늘이 움직인 칸의 수를 구하고 움직이는 규칙을 찾으세요.

Step 3 다섯 번째 시계에 알맞은 긴바늘과 짧은 바늘을 그리세요.

Step 1 첫 번째 시계는 짧은바늘이 10과 11 사이에 있으므로 10시를 나타내고 긴바늘이 숫자 3을 가리키므로 15분을 나타냅니다. 이처럼 각 시계가 나타내는 시각을 아래 표와 같이 적을 수 있습니다.

순서	첫 번째	두 번째	세 번째	네 번째
시각	10시 15분	10시 20분	10시 30분	10시 45분

Step 2 표와 같이 시계의 긴바늘이 숫자 눈금 1칸, 2칸, 3칸, … 씩 움직입니다.

순서	첫 번째	두 번째	세 번째	네 번째
시각	10시 15분	10시 20분	10시 30분	10시 45분

1칸 2칸 3칸

Step 3 네 번째 시계에서 다섯 번째 시계로 갈 때, 긴바늘이 4칸 움직이므로 오른쪽과 같이 짧은바늘을 11과 12 사이에, 긴바늘을 숫자 1을 가리키도록 그립니다.

정답 :

다섯 번째

확인하기 1 무우와 친구들은 전날 같은 시각에 잠을 잤습니다. 아침에 일어난 시각이 아래와 같이 서로 다를 때, 가장 많이 잔 사람과 가장 적게 잔 사람은 각각 누구일까요?

확인하기 2 무우와 친구들은 공연을 보았습니다. 아래 시계는 공연이 시작한 시각과 끝난 시각을 나타낸 것입니다. 몇 시간 몇 분 동안 공연을 보았을까요?

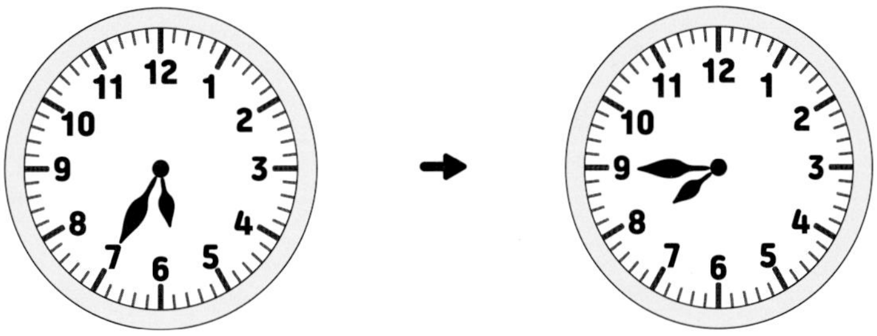

공연 시작한 시각　　　공연 끝난 시각

2 단계 . 달력 보기

피셔맨스 빌리지
The original
Fisherman's Village
BOPHUT BEACH
나무로 된 건물이 많네
어부들이 모여 살던 어촌이래
우와..
보풋 선착장
옛날 분위기가 난다~!
바다 냄새~
정말~!
음..
우리 분위기 좋은 레스토랑 갈까?
이쪽 입니다 ~
배고프다.. 얼른 가자!!
어? 4월 달력에 날짜가 안 적혀있어!!
제이야~ 네 생일을 기준으로 어린이날은 무슨 요일지 맞춰봐~
주문이요~
엥?

제이의 생일인 4월 18일은 토요일입니다. 어린이날은 무슨 요일일까요?

Step 1 제이의 생일을 기준으로 4월 달력의 빈칸을 채우세요.

4월

월	화	수	목	금	토	일

Step 2 5월 1일은 무슨 요일일까요?

Step 3 어린이날은 무슨 요일일까요?

풀이

Step 1 4월 18일이 토요일이므로 아래와 같이 달력을 완성할 수 있습니다.

4월

월	화	수	목	금	토	일
		1	2	3	4	5
6	7	8	9	10	△11	12
13	14	15	16	17	(18)	19
20	21	22	23	24	[25]	26
27	28	29	30			

제이 생일 − 7일
제이 생일
제이 생일 + 7일

Step 2 4월 30일이 목요일이므로 5월 1일은 금요일입니다.

Step 3 5월 1일이 금요일이므로 어린이날은 아래 표와 같이 화요일입니다.

5월

월	화	수	목	금	토	일
				1	2	3
4	(5)					

어린이날

정답 : 화요일

확인하기 1

올해 1월 31일 날짜가 적혀있는 달력입니다. 작년 크리스마스는 무슨 요일일까요?

1월

월	화	수	목	금	토	일
		31				

확인하기 2

어느 달력의 일부 조각입니다. 빈칸에 들어갈 알맞은 날짜를 적으세요.

	월		
	3		

5 연습문제

01 제이가 잠을 잔 시간을 나타낸 것입니다. 제이가 5시간 25분 동안 잠을 잤을 때, 일어난 시각은 몇 시 몇 분인지 그리세요.

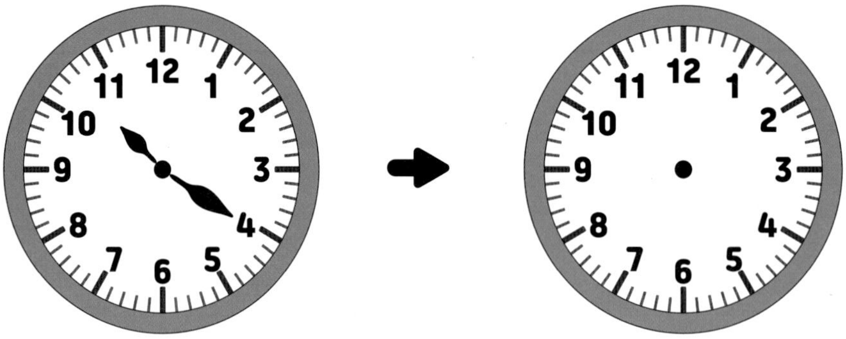

잠든 시각 　　　　 일어난 시각

02 어느 달력의 일부 조각입니다. 이 달 수요일의 날짜를 모두 적으세요.

정답 및 풀이 P.34

03 탁상 시계를 보고 상상, 알알, 제이는 다음과 같이 대화를 했습니다. 시계에 대해 잘못 말한 사람은 누구일까요?

상상 : 시계를 거울에 비추면 3시 정각을 가리키는 바늘 모양과 같아

알알 : 시계는 9시 정각을 나타내!

제이 : 시계의 시각은 12시 45분이야!

04 무우와 친구들은 4월 3일부터 20일 동안 태국 여행을 갑니다. 태국 여행 끝난 날로부터 15일 후에는 일본을 갑니다. 일본을 몇 월 며칠 무슨 요일에 갈까요?

4월

월	화	수	목	금	토	일
				1	2	3
4	5	6	7	8	9	10
11	12	13	14	15	16	17
18	19	20	21	22	23	24
25	26	27	28	29	30	

05 아래의 시각을 시계로 나타낼 때, 긴바늘이 숫자 6 또는 12를 가리키는 것을 모두 찾아 기호를 적으세요.

㉠ 8:05	㉡ 1:30	㉢ 7:00
㉣ 9:30	㉤ 12:50	㉥ 6:25

06 거울에 비친 시계를 나타낸 것입니다. 9시에 가장 가까운 시각을 나타내는 시계를 찾아 기호를 적으세요.

㉠ ㉡ ㉢ ㉣

연습문제

07 날짜가 적혀 있지 않은 1월 달력입니다. 조건에 맞도록 달력에 날짜를 적으세요.

1월

월	화	수	목	금	토	일

> 첫 번째 금요일 날짜와 두 번째 수요일 날짜를 더하면 13입니다.

정답 및 풀이 P.35

08 7월 1일 날짜만 적혀있는 달력이 있습니다. 무우는 7월 5일에 처음 수학 학원을 가고, 그 후 3일에 한 번씩 갑니다. 상상이는 7월 2일에 처음 수학 학원을 가고 그 후 4일에 한 번씩 갑니다. 달력의 날짜를 적어보고 무우와 상상이가 7월 한 달 동안 수학 학원을 같이 가는 날짜를 모두 구하세요.

7월

월	화	수	목	금	토	일
1						

09 무우네 학교의 종소리에 대한 설명입니다. 무우가 8시 30분에 등교 했을 때, 무우가 하교한 시각은 몇 시 몇 분일까요?

① 매시 정각마다 짧은바늘이 가리키는 숫자만큼 종이 울립니다.

② 무우는 하교하기 전까지 총 45번 종소리를 들었습니다.

③ 무우가 하교할 때 긴바늘은 8을 가리키고 있었습니다.

10 어느 해의 날짜입니다. 9월 22일이 수요일일 때, 수요일이 아닌 날을 모두 찾아 기호로 적으세요.

㉠ 8월 25일	㉡ 10월 9일	㉢ 11월 3일
㉣ 9월 5일	㉤ 11월 14일	㉥ 10월 20일

11 찢어진 7월 달력을 보고 대화를 했습니다. 과연 무우네 학교 방학식은 무슨 요일일까요?

7월

일	월	화	수	목	금	토
			1	2	3	4

무우 : 방학식은 평일이야!

상상 : 방학식 날짜의 각 자리 숫자의 차는 5야!

알알 : 방학식 날짜에는 숫자 6이 들어가지 않아~

12 5개의 시계 중 1개의 시계만 정확하고 나머지 4개의 시계는 아래의 조건과 같이 일정하게 빠르거나 느립니다. 정확한 시계는 무엇인지 기호로 적으세요.

① 어떤 시계는 15분 빠릅니다.　② 어떤 시계는 10분 느립니다.

③ 어떤 시계는 25분 빠릅니다.　④ 어떤 시계는 20분 느립니다.

㉠　㉡　㉢　㉣　㉤

5 심화문제

01 디지털 시계의 시각을 숫자로 나타낸 것입니다. 오전 10시부터 오전 11시 59분까지 숫자가 두 가지만 나오는 시각은 모두 몇 번일까요?

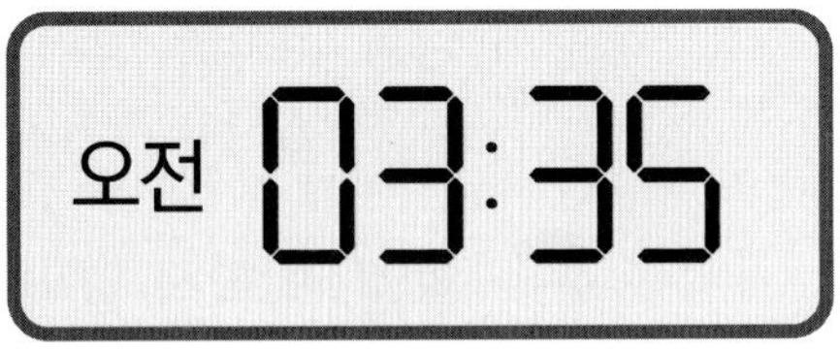

➜ 0, 3, 5으로 숫자 세 가지

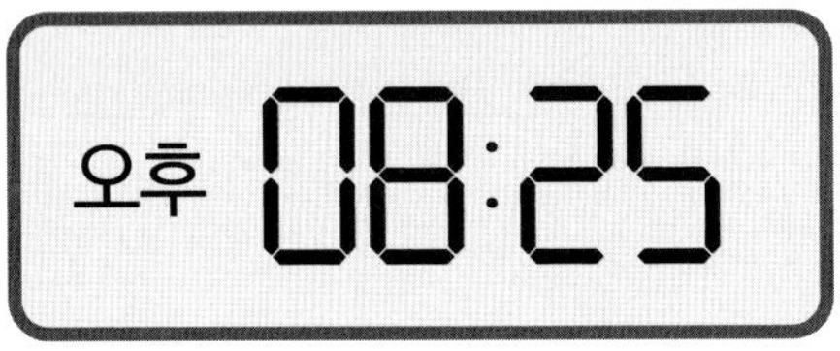

➜ 0, 8, 2, 5으로 숫자 네 가지

02 1월 달력입니다. 달력 일부를 <그림>의 모양처럼 잘랐을 때, ㉠ + ㉡ + ㉢ = 27 이 되었습니다. <그림>에서 ㉡ + ㉣ + ㉤ 을 계산한 결과를 적으세요.

1월

월	화	수	목	금	토	일
	1	2	3	4	5	6
7	8	9	10	11	12	13
14	15	16	17	18	19	20
21	22	23	24	25	26	27
28	29	30	31			

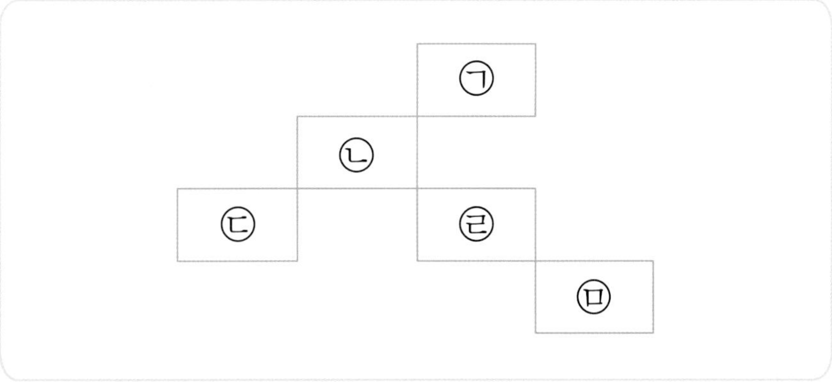

〈그림〉

03 9월 달력입니다. 달력 일부를 <그림>의 모양처럼 잘랐을 때, 4개의 색칠된 칸에 적힌 날짜의 합이 60이 되었습니다. <그림>의 ㉠에 들어갈 알맞은 날짜를 적으세요.

9월

월	화	수	목	금	토	일
		1	2	3	4	5
6	7	8	9	10	11	12
13	14	15	16	17	18	19
20	21	22	23	24	25	26
27	28	29	30			

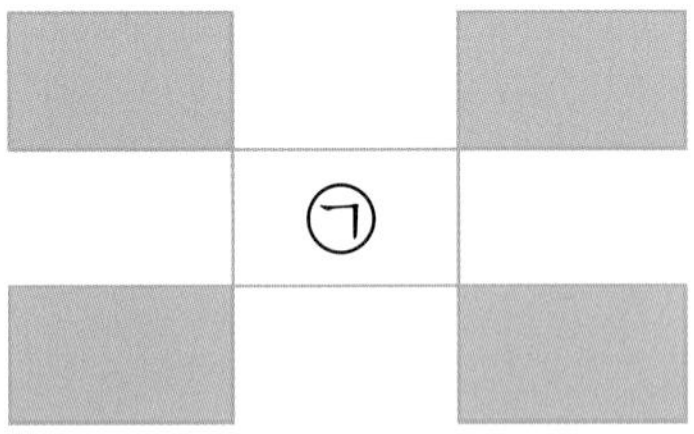

〈그림〉

정답 및 풀이 P.38

04 (가) 시계는 정확히 시각이 맞고 (나) 시계는 30분마다 5분씩 느려집니다. 오전 6시에 두 시계를 똑같이 맞췄습니다. 오전 11시일 때, (나) 시계가 나타내는 시각을 구하세요.

01 무우는 10월 3일 일요일 오전 8시 정각에 씨앗 한 개를 심었습니다. 이 씨앗은 아래와 같이 첫 번째부터 네 번째까지 물을 정확한 날짜와 시각에 주면 꽃이 핀다고 합니다. 무우가 물을 주는 날짜와 시각을 구해 아래 표를 완성하세요.

① 씨앗을 심은 뒤 30분 후 첫 번째 물을 줍니다.

② 첫 번째 물을 준 뒤 8시간 후 두 번째 물을 줍니다.

③ 첫 번째 물을 준 뒤 15시간 후 세 번째 물을 줍니다.

④ 세 번째 물을 준 뒤 10시간 후 네 번째 물을 줍니다.

	물 주는 날짜	물 주는 시각
첫 번째 물	10월 3일 일요일	(오전, 오후) 8시 □ 분
두 번째 물	10월 □ 일 □요일	(오전, 오후) □ 시 □ 분
세 번째 물	10월 □ 일 □요일	(오전, 오후) □ 시 □ 분
네 번째 물	10월 □ 일 □요일	(오전, 오후) □ 시 □ 분

02
창의융합문제

여기 긴바늘과 짧은바늘 말고 다른 바늘이 있어!
그건 초를 나타내는 바늘이야.
초 바늘이 한 바퀴 돌면 1분이지~
- 아하!!
작은 눈금 한 칸이 1초야.
- 알겠지?
얘들아! 우리 오전 11시 30분 50초에 비행기 타러 공항에 가야 해! 지금 몇 시야?
제이야 너 손목시계를 봐 봐
초까지 세봐.
음..
- 빨리!
우리가 있는 숙소에서부터 공항까지 차로 45분 10초가 걸려~ 지금 출발하면 비행기 타기 전까지 몇 분 몇 초를 기다려야 하지?
도..도와줘..
흠... 잠시만... 계산... 해볼게..

제이의 손목시계가 현재 시각을 나타냅니다. 지금 숙소에서 공항으로 출발할 때, 무우와 친구들은 비행기를 타기 전 공항에서 몇 분 몇 초를 기다려야 할까요? (지금은 오전입니다.)

12
1
2
3
4
5
6
7
8
9
10
11

〈제이의 손목시계〉

태국에서 다섯째 날 모든 문제 끝~!
친구들과 함께한 태국에서의 수학여행을 마친 소감은 어떤가요?

MEMO

가위를 사용해 도형을 잘라 맞추세요.

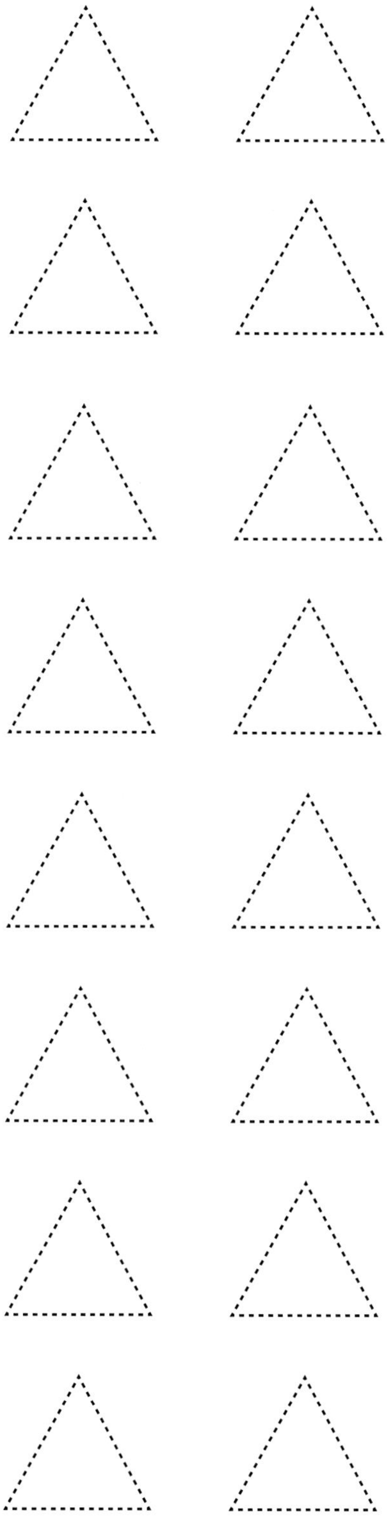

무우

상상

알알

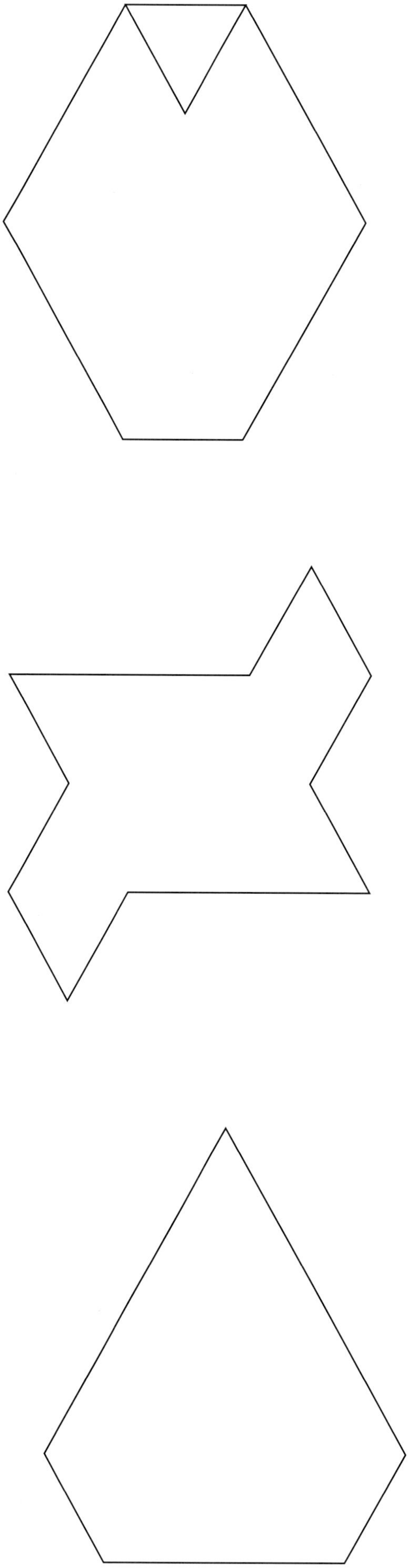

가위를 사용해 도형을 잘라 맞추세요.

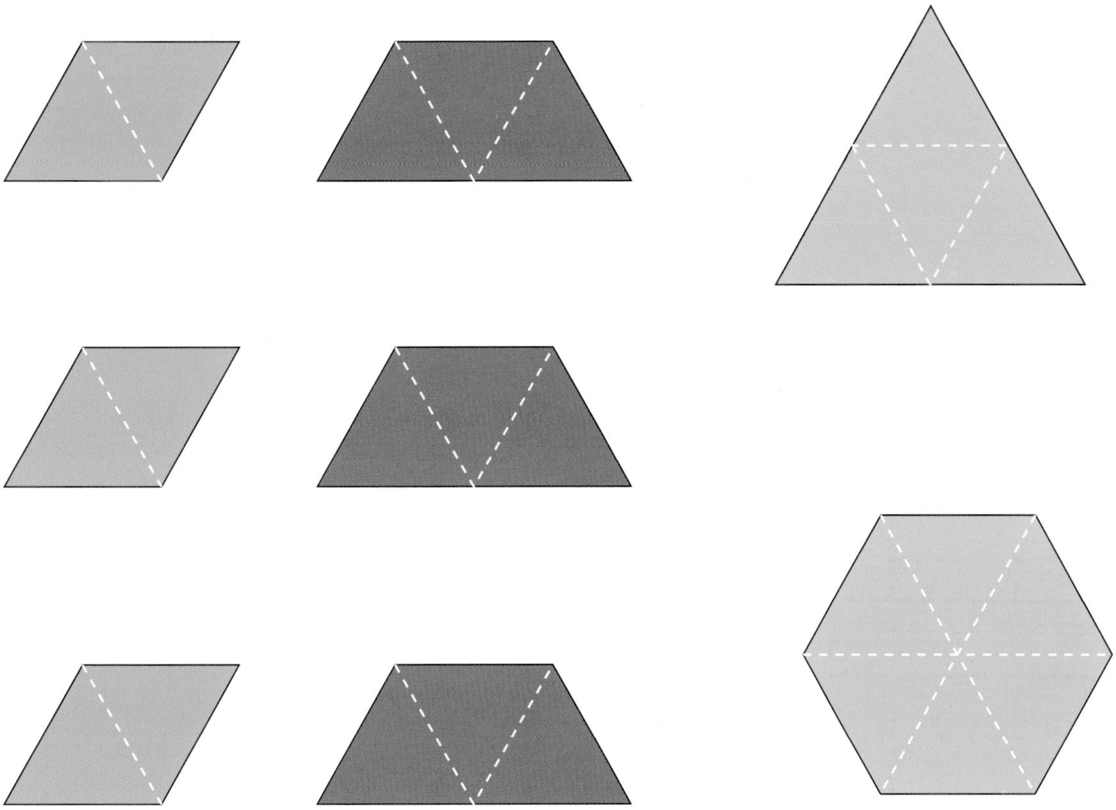

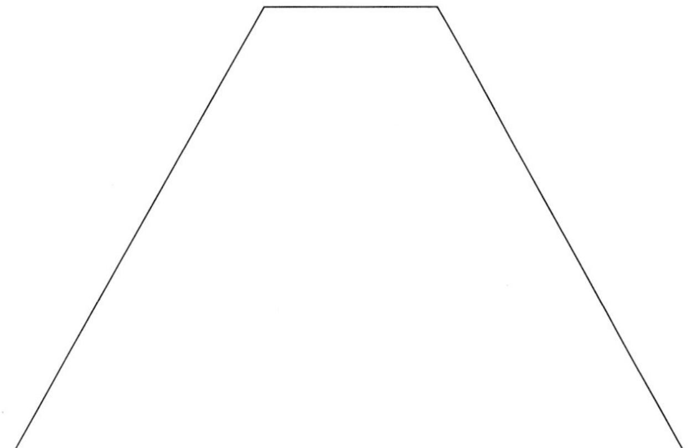

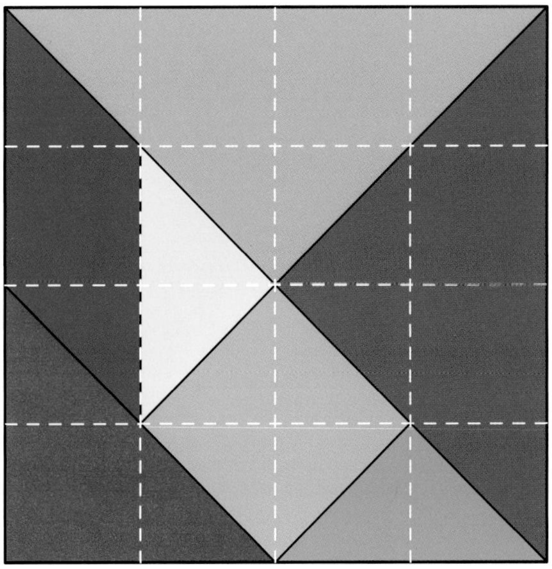

가위를 사용해 도형을 잘라 맞추세요.

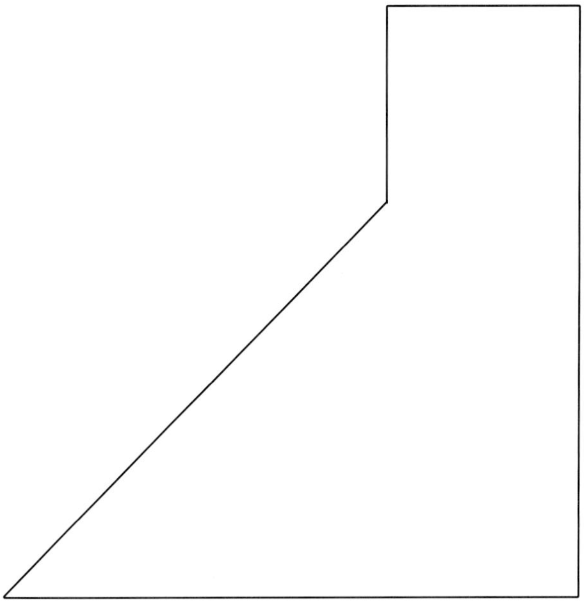

㉠

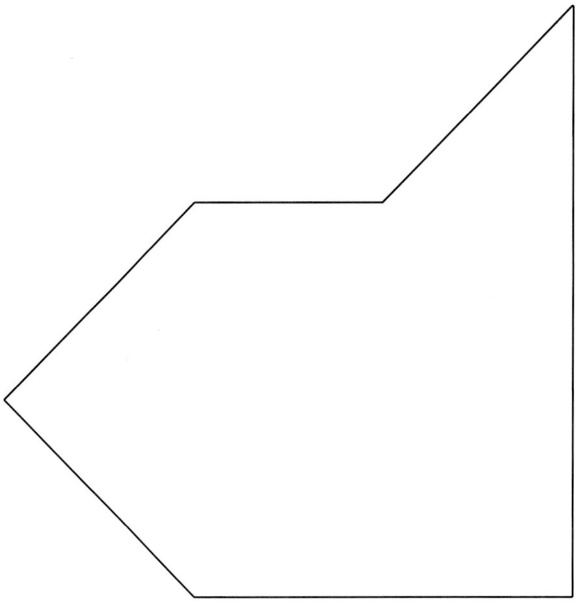

㉡

㉢

영재들의 수학여행
Math Travel

창의영재수학

아이앤아이

정답 및 풀이

입문 초등 1~3학년

C 측정 태국편

무한상상

Imagine Infinite!

창의영재수학

아이앤아이

정답 및 풀이

입문 초등 1~3학년

C 측정 태국편

1 정답 및 풀이

1. 길이 비교

대표문제 확인하기 .... P. 13

[정답] 파란색 선

[풀이 과정]

1) <그림>과 같이 ⬜ = ⬜ 에는 X 표시를 하고 ╱ = ╲ 과 ╲ = ╱ 에는 O 표시를 하여 남은 선을 찾습니다. 남은 파란색 선에 △ 표시를 합니다.
2) 따라서 파란색 선이 주황색 선보다 더 깁니다. (정답)

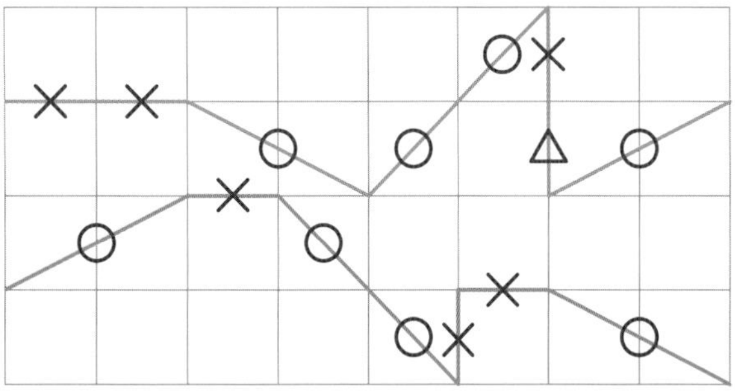

<그림>

대표문제 확인하기 1 .... P. 15

[정답] 무우, 상상, 알알

[풀이 과정]

1) <그림>과 같이 각 칸의 개수를 세어 각 친구의 키를 비교합니다.
2) 상상이의 키는 8칸이고 무우의 키는 8칸보다 조금 더 크고, 알알이의 키는 7칸보다 조금 더 큽니다.
3) 따라서 키가 큰 순서는 무우, 상상, 알알이 입니다. (정답)

<상상> <무우> <알알>

<그림>

대표문제 확인하기 2 .... P. 15

[정답] 가장 긴 밧줄 = A, 가장 짧은 밧줄 = B

[풀이 과정]

1) 밧줄이 많이 구부러져 있을수록 길이가 더 깁니다. 가장 많이 구부러진 밧줄은 A이고 가장 적게 구부러진 밧줄은 B입니다.
2) 따라서 가장 긴 밧줄은 A이고 가장 짧은 밧줄은 B입니다. (정답)

연습문제 01 .... P. 16

[정답] 가장 긴 것 = ⓒ 10cm 자, 가장 짧은 것 = ⓛ 지우개

[풀이 과정]

1) 도구의 길이가 짧을수록 책상의 긴 쪽을 잴 때 횟수가 많습니다. ㉠ ~ ㉤ 중 횟수가 가장 많은 것은 ⓛ으로 지우개의 길이가 가장 짧습니다. 반대로 횟수가 가장 적은 것은 ⓒ으로 10cm 자의 길이가 가장 깁니다.
2) 따라서 도구의 길이가 가장 긴 것은 ⓒ 10cm 자이고, 가장 짧은 것은 ⓛ 지우개입니다. (정답)

연습문제 02 .... P. 16

[정답] 제이, 무우, 상상, 알알

[풀이 과정]

1) 무우는 제이보다 더 높은 곳에 살고 있습니다.
   알알이는 가장 꼭대기 층에 살고 있습니다.
   상상이는 무우 바로 위층에 살고 있으므로 제이보다 더 높은 곳에 살고 있습니다.
2) 따라서 제이가 가장 낮은 층에 살고 그 다음 무우, 상상, 알알이 순서입니다. (정답)

연습문제 03 .... P. 17

[정답] 빨간색, 파란색, 노란색, 초록색 테이프

[풀이 과정]

1) 파란색 테이프는 노란색 테이프보다 길고 빨간색 테이프보다 짧습니다.
   초록색 테이프는 노란색 테이프보다 짧습니다.
2) 따라서 테이프의 길이가 긴 순서는 빨간색, 파란색, 노란색, 초록색 테이프입니다. (정답)

연습문제 04 ········· P. 17

[정답] 초록색 길

[풀이 과정]

1) 〈그림〉과 같이 □=□에는 X 표시를 하고 ／=＼과 ＼=／에는 O 표시를 하여 남은 선을 찾습니다. 남은 선 위에 △ 표시를 합니다.

2) 빨간색 선에서 남은 선으로 □+□=□을 만들 수 있습니다.

초록색 선에서 남은 선은 ／입니다. □의 길이보다 ／의 길이가 더 짧습니다.

3) 따라서 초록색 길이 더 짧습니다. (정답)

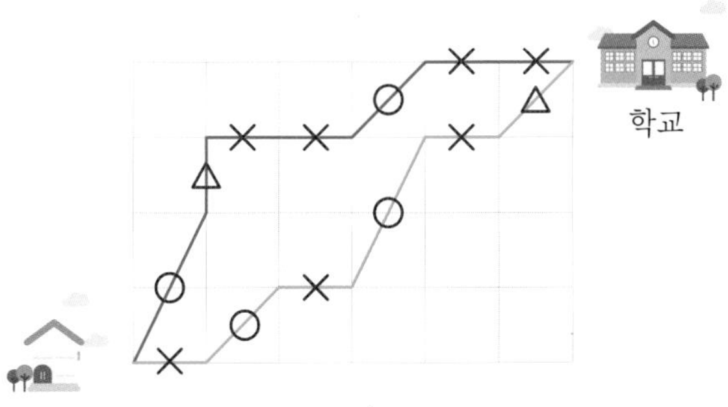

〈그림〉

연습문제 05 ········· P. 18

[정답] 제이, 상상, 알알, 무우

[풀이 과정]

1) 굴렁쇠가 굴러간 횟수는 모두 6바퀴로 같습니다. 굴렁쇠의 크기가 클수록 더 멀리 이동합니다. 굴렁쇠의 크기가 큰 순서는 제이, 상상, 알알, 무우입니다.

2) 따라서 멀리 간 순서는 제이, 상상, 알알, 무우입니다. (정답)

연습문제 06 ········· P. 18

[정답] ㉡, ㉠, ㉢

[풀이 과정]

1) 세 건물의 층수는 모두 4층입니다. 하지만 창문의 크기는 서로 다르므로 건물의 높이를 비교합니다.

2) ㉠은 긴 창문이 1개 있고, ㉡은 긴 창문이 2개 있고, ㉢은 긴 창문이 없습니다.

3) 따라서 건물의 높이가 높은 순서는 ㉡, ㉠, ㉢입니다. (정답)

연습문제 07 ········· P. 19

[정답] ㉡, ㉠, ㉢

[풀이 과정]

1) 〈그림〉과 같이 보이지 않는 테이프의 길이를 생각합니다.

먼저 ㉠과 ㉡은 서로 상자의 높이가 같으므로 나머지 테이프의 길이를 비교합니다.

㉠의 세로 길이보다 ㉡의 가로 길이가 더 깁니다.

㉡의 테이프 총길이는 ㉠의 테이프 총길이보다 깁니다.

2) ㉠과 ㉢은 서로 상자의 세로 길이가 같으므로 나머지 테이프의 길이를 비교합니다.

㉢의 가로 길이보다 ㉠의 높이가 더 깁니다.

㉠의 테이프 총길이는 ㉢의 테이프 총길이보다 깁니다.

3) 따라서 테이프의 길이가 긴 순서는 ㉡, ㉠, ㉢입니다. (정답)

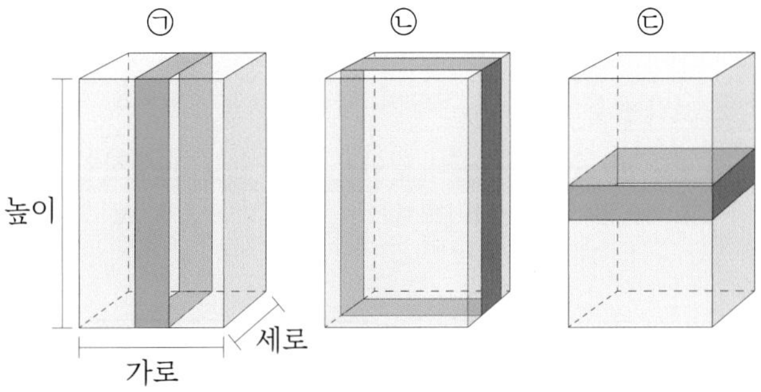

〈그림〉

연습문제 **08** ………… P. 19

[정답] ㉢, ㉡, ㉣, ㉠

[풀이 과정]

1) 물이 묻은 파란색 부분의 길이가 길수록 연못의 깊이가 깊은 곳에 넣은 것입니다.

   <그림>에서 물이 묻은 파란색 부분이 긴 순서는 ㉢, ㉡, ㉣, ㉠입니다.

2) 따라서 연못의 깊은 곳에 넣은 막대부터 차례대로 적으면 ㉢, ㉡, ㉣, ㉠입니다. (정답)

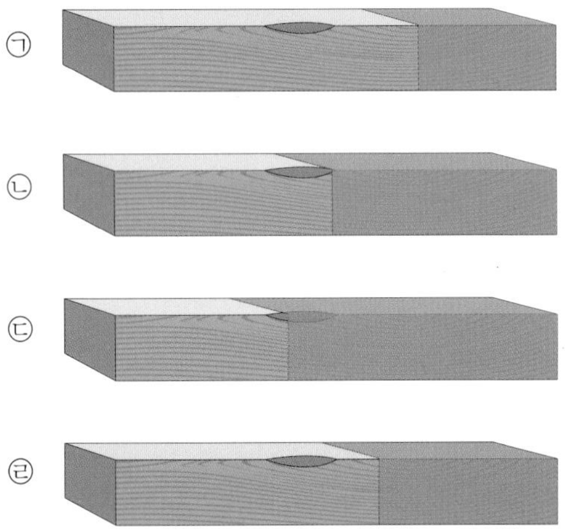

<그림>

연습문제 **09** ………… P. 20

[정답] ㉢, ㉣, ㉡, ㉠

[풀이 과정]

1) 보이지 않는 테이프의 길이를 생각합니다.

   먼저 ㉡, ㉢, ㉣의 테이프 길이는 빨간색의 길이와 같습니다. 빨간색 길이가 긴 순서는 ㉢, ㉣, ㉡입니다.

2) ㉡의 가로와 세로의 길이는 ㉠의 밑면의 가로와 세로의 길이와 같습니다. ㉠의 테이프 길이는 ㉡의 테이프 길이보다 짧습니다.

3) 따라서 사용된 테이프의 길이가 긴 순서대로 나열하면 ㉢, ㉣, ㉡, ㉠입니다. (정답)

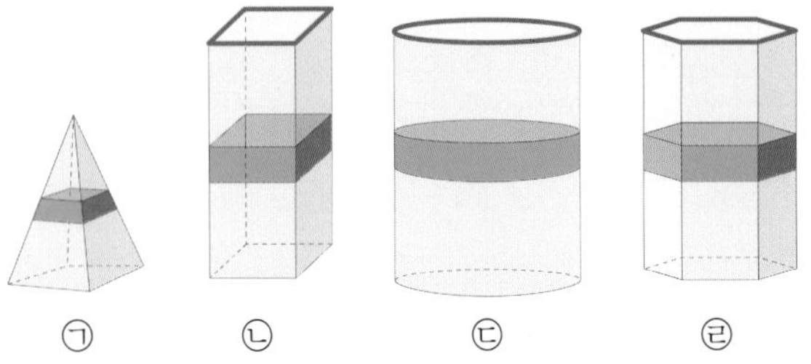

연습문제 **10** ………… P. 20

[정답] 무우

[풀이 과정]

1) <그림>과 같이 천 뒷면에 있는 실을 앞면 실 모습과 함께 순서에 맞게 그려 각 실의 길이를 비교합니다.

    =  에는 X 표시를 하고  = 에는 O 표시를 하여 남은 선을 찾습니다. 남은 선 위에 △ 표시를 합니다.

2) 빨간색 선에서 남은 선은 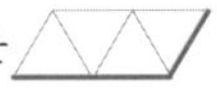 이고 초록색 선에서 남은 선은  입니다. 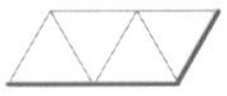 길이보다 의 길이가 더 짧습니다.

3) 따라서 무우가 사용한 초록색 실이 상상이가 사용한 빨간색 실보다 더 짧습니다. (정답)

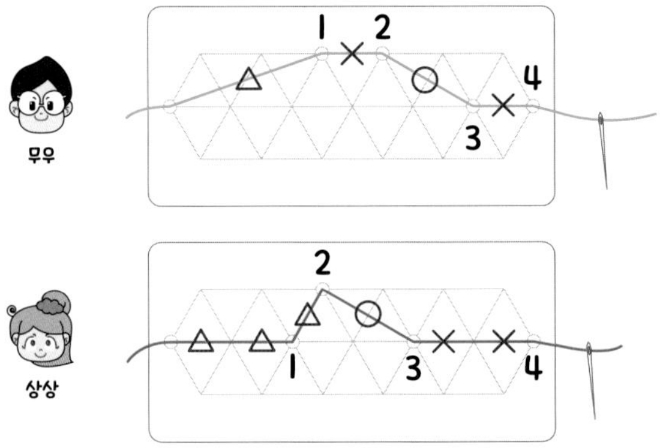

<그림>

연습문제 **11** P. 21

[정답] ㉠, ㉣, ㉡, ㉢

[풀이 과정]

1) 초록색 선의 개수를 구합니다.

㉠  ⇒ 2개

㉡  ⇒ 4개

㉢  ⇒ 2개,  ⇒ 2개

㉣  ⇒ 2개,  ⇒ 1개

2) 의 길이보다 의 길이가 더 짧습니다. 따라서 짧은 순서대로 나열하면 ㉠, ㉣, ㉡, ㉢입니다. (정답)

연습문제 **12** P. 21

[정답] ㉣, ㉠, ㉢, ㉡

[풀이 과정]

1) <그림>과 같이 테이프의 한쪽을 따라 칸의 개수를 셉니다. 테이프 ㉡의 경우 겹치는 곳을 2번 셉니다.

2) 따라서 ㉠은 8칸, ㉡ 은 6칸, ㉢ 은 7칸, ㉣ 은 9칸으로 테이프의 길이가 긴 순서대로 나열하면 ㉣, ㉠, ㉢, ㉡입니다. (정답)

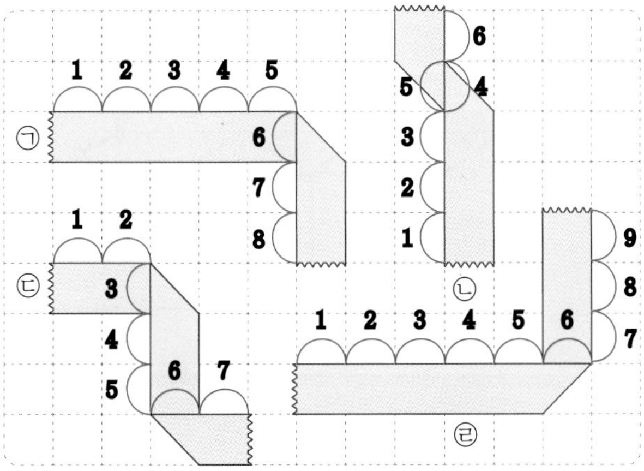

<그림>

심화문제 **01** P. 22

[정답] 알알, 무우, 제이, 상상

[풀이 과정]

1) <그림>의 각 상자 칸의 수를 구합니다. 노란색 상자는 3칸, 파란색 상자는 5칸, 빨간색 상자는 6칸입니다.

2) 각 상자 칸의 합이 클수록 키가 작습니다. 네 명의 친구의 위, 아래에 있는 상자 칸의 합을 각각 구합니다.

3) 먼저 상상이의 상자의 칸은 노란색 3개, 빨간색 1개이므로 총 15칸입니다.

무우의 상자의 칸은 노란색 1개, 파란색 2개이므로 총 13칸입니다.

제이의 상자의 칸은 파란색 1개, 노란색 1개, 빨간색 1개이므로 총 14칸입니다.

알알이의 상자의 칸은 노란색 2개, 빨간색 1개이므로 총 12칸입니다.

4) 따라서 칸이 높은 순서는 12 (알알) < 13 (무우) < 14 (제이) < 15 (상상)이므로 키가 큰 순서는 알알, 무우, 제이, 상상입니다. (정답)

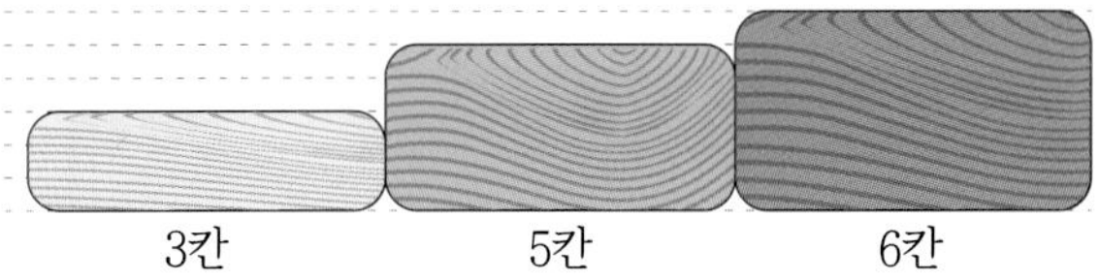

<그림>

심화문제 02 P. 23

[정답] ㉡, ㉢, ㉠, ㉣

[풀이 과정]

1) <그림>과 같이 보이지 않는 테이프의 길이까지 생각합니다. 모든 테이프는 가로와 세로 면에만 붙어있습니다.

2) ㉠ 가로 테이프 개수는 12개, 세로 테이프 개수는 6개입니다.
㉡ 가로 테이프 개수는 12개, 세로 테이프 개수는 10개입니다.
㉢ 가로 테이프 개수는 12개, 세로 테이프 개수는 8개입니다.
㉣ 가로 테이프 개수는 12개, 세로 테이프 개수는 4개입니다.
각 상자에 붙인 가로 테이프 개수는 12개로 모두 같습니다. 세로 테이프의 개수가 많을수록 사용된 테이프의 길이가 깁니다.

3) 따라서 테이프의 길이가 긴 순서는 ㉡, ㉢, ㉠, ㉣입니다. (정답)

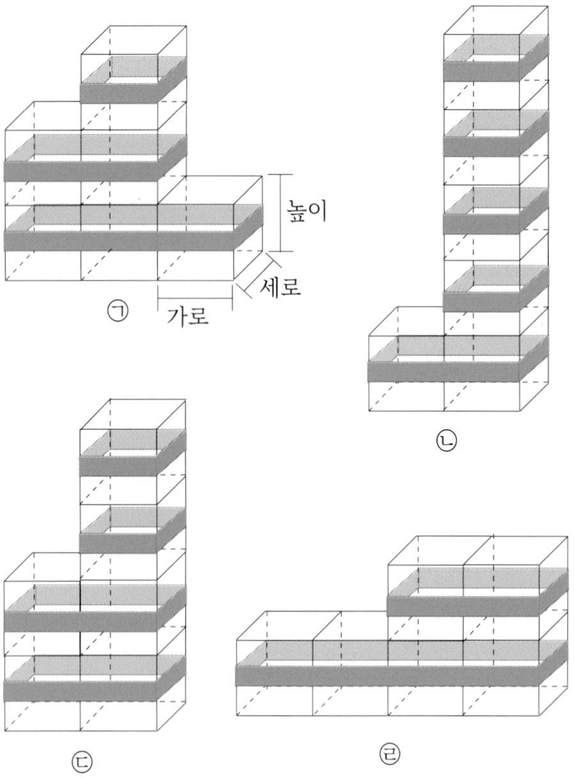

<그림>

심화문제 03 P. 24

[정답] ㉣, ㉢, ㉡, ㉠

[풀이 과정]

1) <그림>에서 공통인  와  선에 각각 O와 X 표시를 하고 표시되지 않은 나머지 초록색 선을 비교하면 아래와 같습니다.

㉠  ⇒ 2개,  ⇒ 1개

㉡  ⇒ 1개, 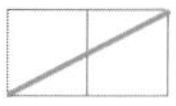 ⇒ 1개

㉢  ⇒ 3개

㉣  ⇒ 1개

2) ㉣ 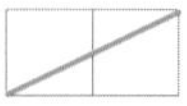 < ㉢ 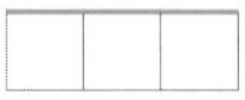 < ㉡ 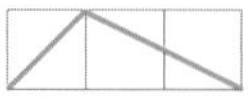
< ㉠ 

3) 따라서 짧은 순서대로 나열하면 ㉣, ㉢, ㉡, ㉠입니다. (정답)

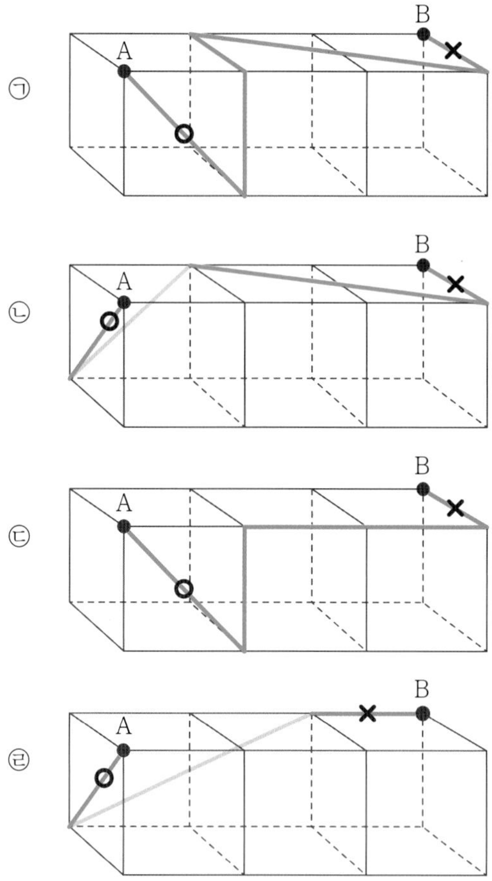

<그림>

심화문제 **04** P. 25

[정답] 2번, (파란색과 초록색), (초록색과 빨간색)

[풀이 과정]

1) <그림>에서 차례대로 2장씩 테이프의 길이를 비교합니다.

빨간색 > 노란색, 파란색 > 빨간색, 초록색 > 노란색, 노란색 > 보라색입니다.

반드시 알 수 있는 것은 (초록색, 파란색, 빨간색)은 노란색과 보라색보다 길다는 것입니다. 파란색은 빨간색보다 깁니다.

하지만 파란색과 초록색 테이프의 길이 순서와 빨간색과 초록색의 길이 순서를 알 수 없습니다.

2) 따라서 2번 추가로 비교해야 하고 (파란색과 초록색), (초록색과 빨간색)으로 짝을 지어 비교합니다. (정답)

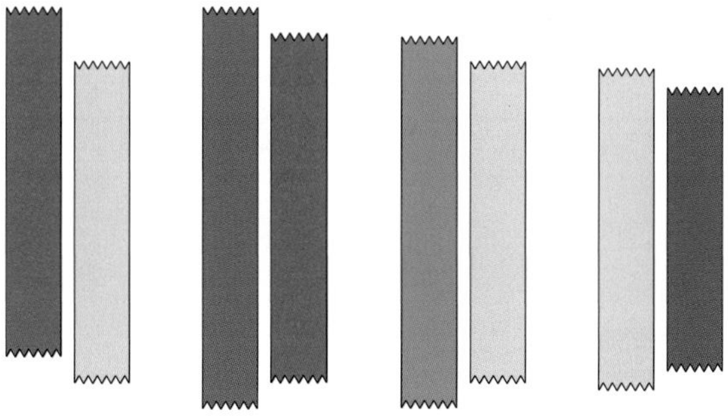

(빨강 > 노랑) (파랑 > 빨강) (초록 > 노랑) (노랑 > 보라)

<그림>

창의적문제해결수학 **01** P. 26

[정답] 2번째 구멍

[풀이 과정]

1) <그림 1>과 같이 천 뒷면에 있는 실을 순서에 맞게 그려 무우와 상상이의 실을 비교합니다.  =  에는 O 표시를 하고  = 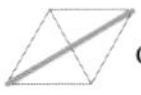 에는 △ 표시를 하고  =  에는 X 표시를 하여 남은 선을 찾습니다.

② <그림 1>의 노란색 O 표시와 같이 초록색 선에서 남은 선은 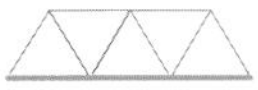 이고, 빨간색 선에서 남은 선은  입니다.

③ 따라서 상상이가 2번째 구멍을 통과하지 않으면 <그림 2>와 같이 무우가 사용한 실의 길이와 같게 됩니다. (정답)

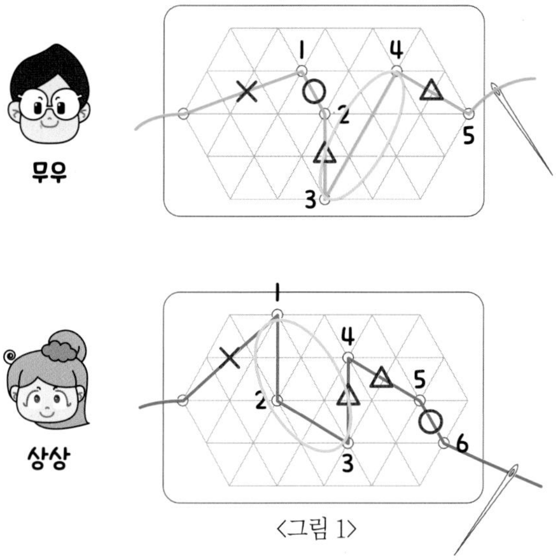

<그림 1>

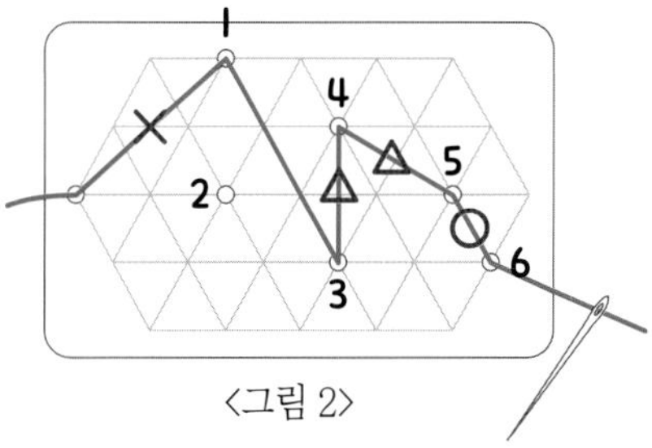

<그림 2>

창의적문제해결수학 02 P. 27

[정답] 제이

[풀이 과정]

1) 한 칸을 1이라고 생각합니다. <그림>과 같이 네 명의 친구들이 가장 짧은 길로 산 정상까지 올라갈 때, 세로 방향의 길은 모두 7개로 같습니다. 가로 방향의 길의 개수를 서로 비교합니다.
2) 무우 : 가로 방향의 길은 총 5개
상상 : 가로 방향의 길은 총 6개
알알 : 가로 방향의 길은 총 5개
제이 : 가로 방향의 길은 총 4개
3) 따라서 산 정상까지 올라가는 길이 가장 짧은 사람은 제이입니다. (정답)

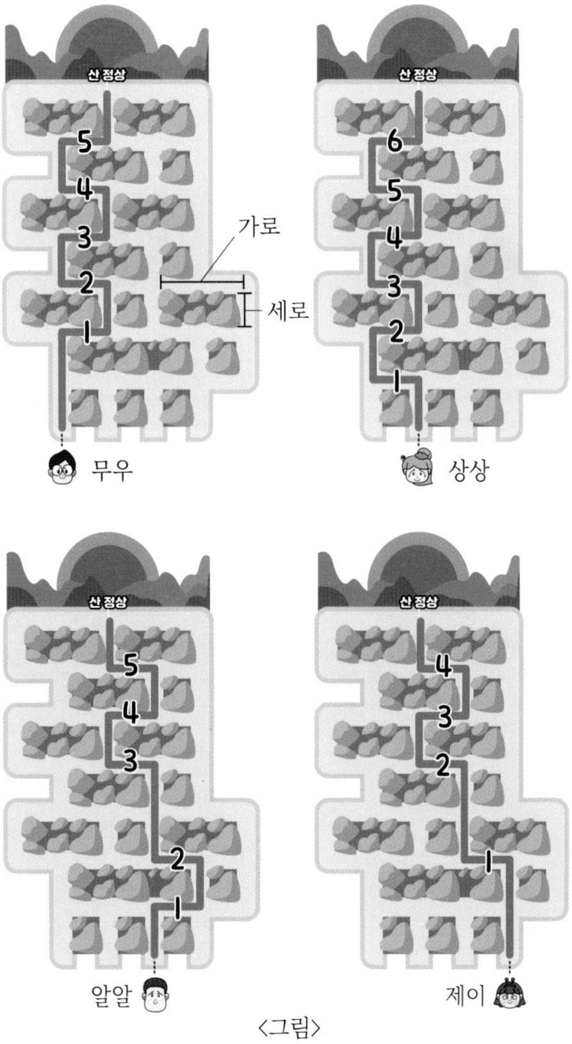

<그림>

2. 길이 재기

대표문제 확인하기 1 P. 33

[정답] 10배

[풀이 과정]

1) <그림>과 같이 책의 둘레를 1부터 차례대로 셉니다.
2) 따라서 책의 둘레는 단위 길이의 10배입니다. (정답)

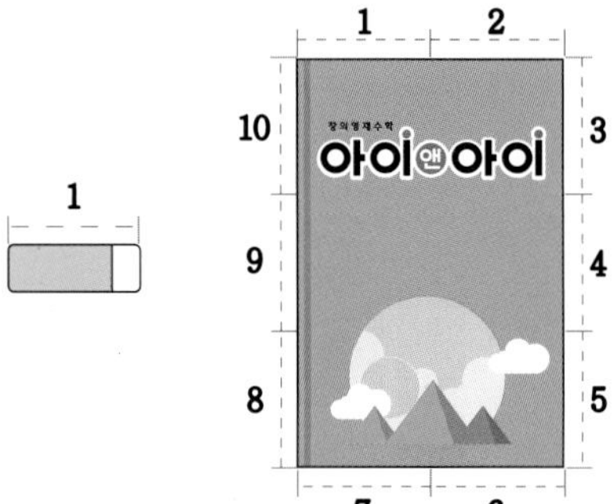

<그림>

대표문제 확인하기 2 P. 33

[정답] 지우개 6개의 길이

[풀이 과정]

1) <그림>과 같이 ㉠ 줄과 ㉡ 줄의 지우개 2개와 연필 1개를 각각 지웁니다. 연필 한 개의 길이는 지우개 2개의 길이와 같습니다.
2) 따라서 파란색 막대기의 길이는 지우개 6개의 길이와 같습니다. (정답)

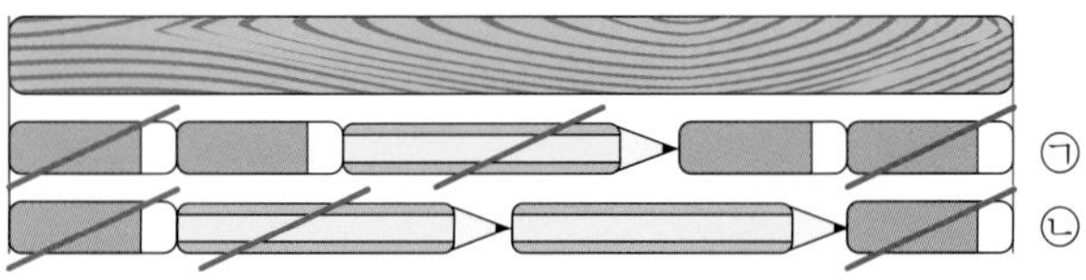

<그림>

대표문제 확인하기 1 .... P. 35

[정답] 34cm

[풀이 과정]

1) <그림>에서 빨간색 가로 선의 개수는 9개이고 파란색 세로 선의 개수는 8개입니다.

2) 가로 선의 길이는 9 × 2 = 18cm이고 세로 선의 길이는 8 × 2 = 16cm입니다. 따라서 선의 길이는 총 18 + 16 = 34cm입니다. (정답)

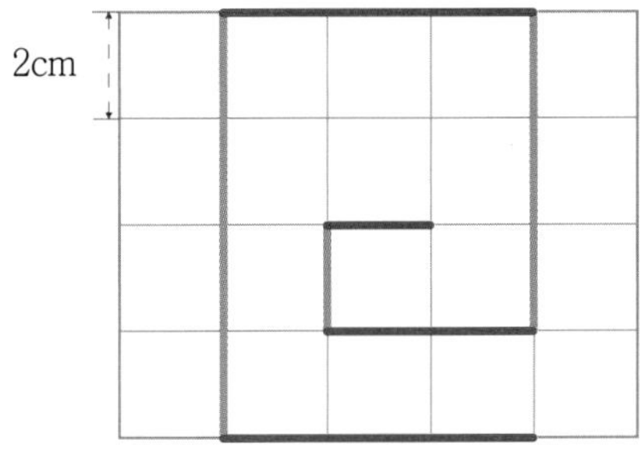

<그림>

대표문제 확인하기 2 .... P. 35

[정답] 2cm

[풀이 과정]

1) 자에서 큰 눈금 한 칸의 길이는 1cm입니다. <그림 1>에서 큰 눈금 2개이므로 두 막대기의 길이의 차는 2cm입니다.

2) <그림 2>와 같이 두 막대기를 눈금 0에 맞춰 놓고 각 막대기의 길이를 잽니다. 따라서 주황색 막대기의 길이는 3cm이고 파란색 막대기의 길이는 5cm으로 두 막대기의 길이의 차는 2cm입니다.

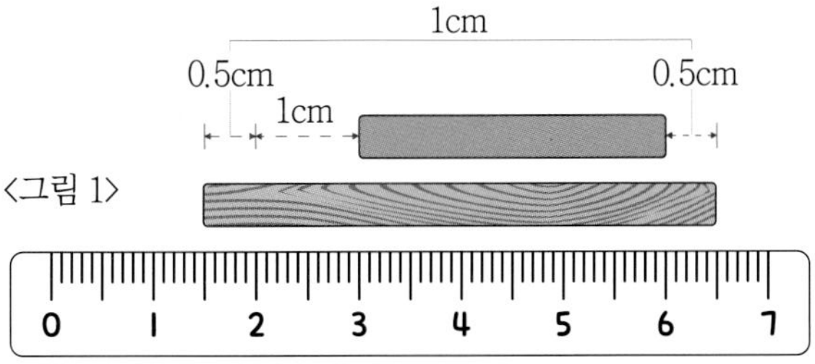

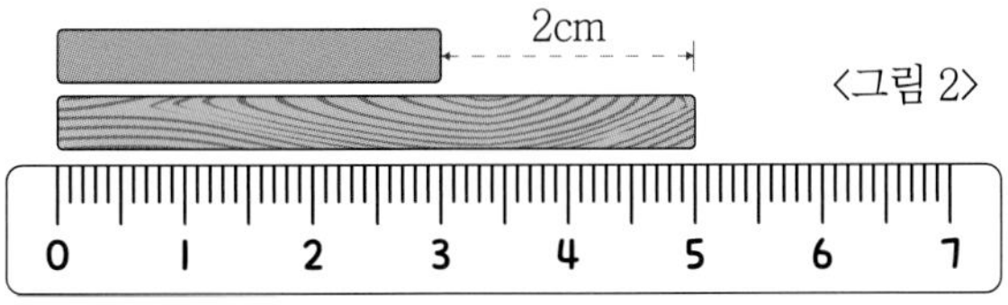

연습문제 01 .... P. 36

[정답] 풀이 과정 참조

[풀이 과정]

1) <예시 정답 1> 과 같이 8개의 칸을 따라 자르면 자른 길이가 총 8cm가 됩니다. 이 외에도 <예시 정답 2>와 같이 자른 길이가 총 8cm가 되는 경우는 많습니다.

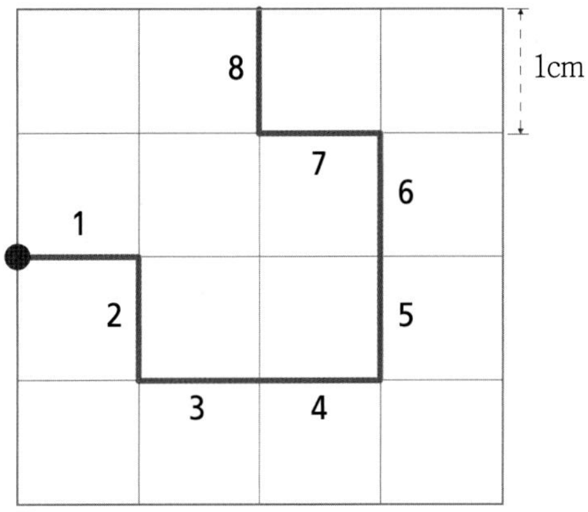

<예시 정답 1>

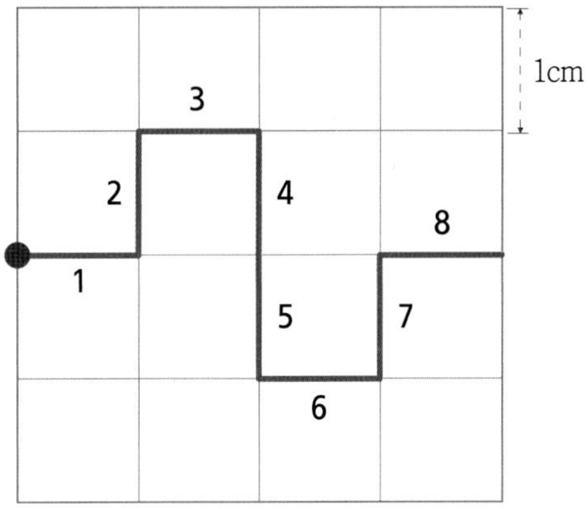

<예시 정답 2>

2 정답 및 풀이

연습문제 **02** P. 36

[정답] 30cm

[풀이 과정]

1) 무우의 키는 30cm 자 5개이므로 30 + 30 + 30 + 30 + 30 = 150cm이고 제이의 키는 60cm 자 2개이므로 60 + 60 = 120cm입니다.
2) 따라서 두 사람의 키 차이는 150 - 120 = 30cm입니다. (정답)

연습문제 **03** P. 37

[정답] 3cm

[풀이 과정]

1) 나무 막대기 한 개의 길이는 연필 세 개의 길이와 같습니다. 연필 한 개의 길이가 5cm이므로 나무 막대기 한 개의 길이는 5 × 3 = 15cm입니다.
2) 나무 막대기 한 개의 길이는 지우개 5개의 길이와 같습니다. 따라서 3 + 3 + 3 + 3 + 3 = 15cm가 되므로 지우개 한 개의 길이는 3cm입니다. (정답)

연습문제 **04** P. 37

[정답] 10cm

[풀이 과정]

1) <그림>과 같이 출발점에서 도착점으로 가기 위해 가로 5칸, 세로 5칸 가는 것이 가장 가깝습니다. 길을 되돌아 가지 않습니다.
2) 따라서 한 변의 길이가 1cm이므로 가는 길은 총 10cm입니다. 이외에도 가는 길이 총 10cm가 되는 방법은 다양합니다.

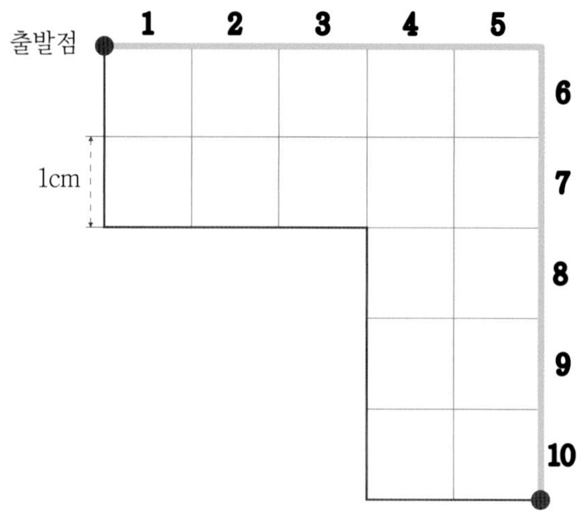

<그림>

연습문제 **05** P. 38

[정답] ㉠ = 3cm, ㉡ = 2cm

[풀이 과정]

1) <그림>에서 파란색 막대기의 전체 길이는 9 + 13 = 22cm입니다. ㉠ + 12 + ㉡ + 5 = 22가 되므로 ㉠ + ㉡ = 5입니다.
2) ㉠과 ㉡의 차가 1cm이므로 ㉠ + ㉡ = 5를 만족하는 ㉠은 3cm, ㉡은 2cm입니다. (정답)

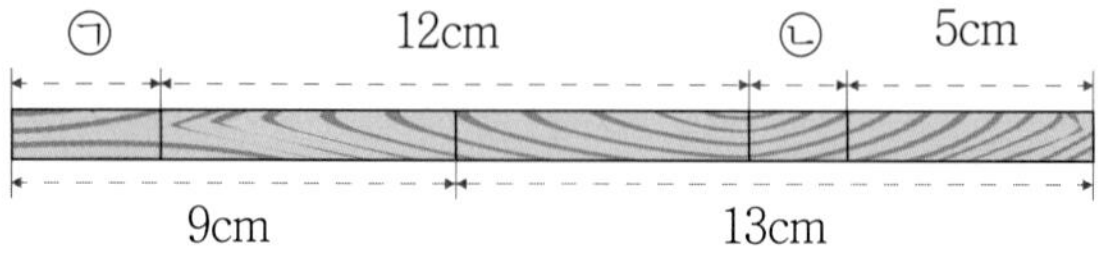

<그림>

연습문제 **06** P. 38

[정답] 지우개 9개의 길이

[풀이 과정]

1) <그림>과 같이 ㉠ 줄과 ㉡ 줄의 지우개 1개와 연필 3개를 각각 지웁니다. 연필 2개의 길이는 지우개 3개의 길이와 같습니다.
2) 따라서 연필 6개의 길이는 지우개 9개의 길이와 같습니다. (정답)

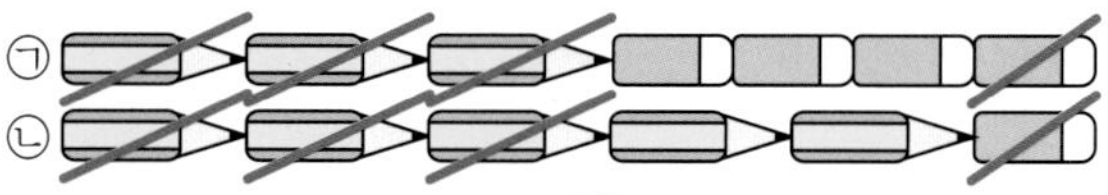

<그림>

연습문제 **07** ········· P. 39

[정답] 4cm

[풀이 과정]

1) <그림 1>에서 파란색 테이프의 칸의 개수를 세면 총 8칸입니다. 2칸의 길이가 1cm이므로 총길이는 4cm입니다.
2) <그림 2>는 <그림 1>을 펼친 모습입니다. 따라서 파란색 테이프는 8칸이므로 총길이는 4cm입니다. (정답)

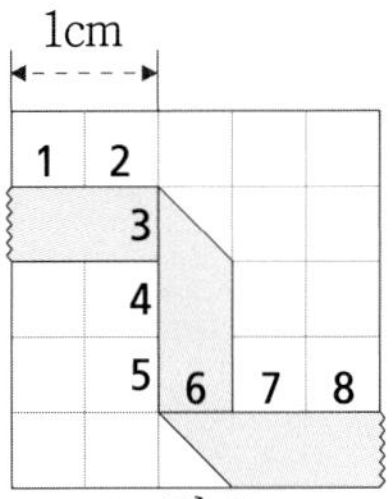

<그림 1>

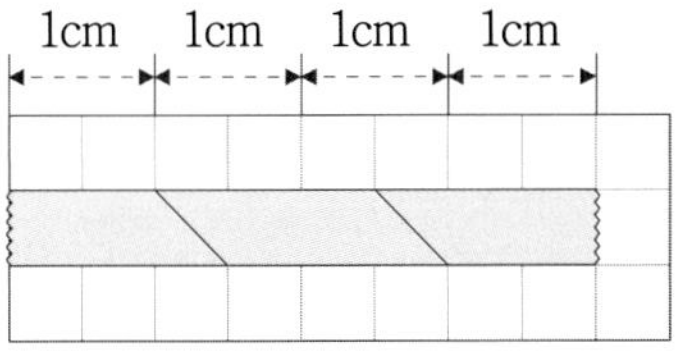

<그림 2>

연습문제 **08** ········· P. 39

[정답] 9cm

[풀이 과정]

1) 총길이가 15cm중에 3cm짜리 밧줄이 2개이므로 나머지 밧줄의 길이는 15 - 3 - 3 = 9cm입니다.
2) 따라서 가장 긴 밧줄은 9cm입니다. (정답)

연습문제 **09** ········· P. 40

[정답] 85cm

[풀이 과정]

1) 길이가 5cm인 지우개로 무우의 한 뼘을 재면 2번이므로 무우의 한 뼘은 5 + 5 = 10cm입니다.
2) 무우의 한 뼘으로 책상의 긴 쪽을 재면 5번이므로 책상의 긴 쪽의 길이는 10 + 10 + 10 + 10 + 10 = 50cm입니다.
3) 책상의 긴 쪽과 짧은 쪽의 길이의 차가 15이므로 짧은 쪽의 길이는 50 - 15 = 35cm입니다.
4) 따라서 책상의 긴 쪽과 짧은 쪽의 길이의 합은 50 + 35 = 85cm입니다. (정답)

연습문제 **10** ········· P. 40

[정답] 38cm

[풀이 과정]

1) <그림>과 같이 첫 번째 벽돌의 길이는 6cm이고 두 번째 벽돌의 길이는 6 - 2 = 4cm가 됩니다. 8개의 벽돌의 길이가 4cm가 됩니다.
2) 따라서 첫 번째 벽돌부터 마지막 벽돌까지 전체 길이는 6 + 8 × 4 = 38cm입니다. (정답)

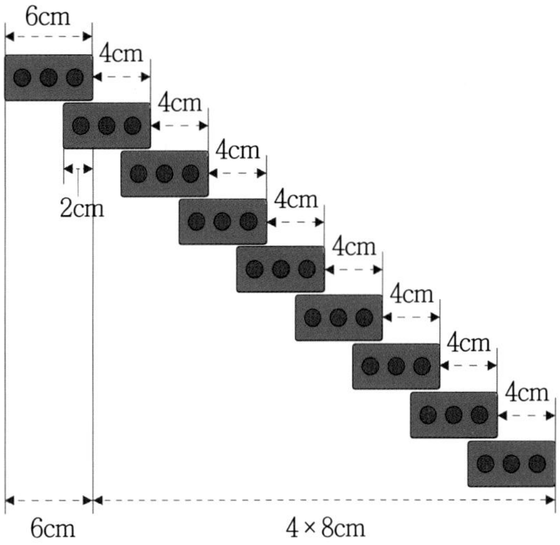

<그림>

연습문제 **11** .... P. 41

[정답] 18cm

[풀이 과정]

1) 〈그림〉과 같이 가장 짧은 테이프를 ㉠으로 놓습니다. 나머지 테이프의 길이는 ㉠ + 2, ㉠ + 2 + 3, ㉠ + 2 + 3 + 4가 됩니다.
2) 4 개의 테이프의 길이의 합은 52cm이므로
   ㉠ + (㉠ + 2) + (㉠ + 2 + 3) + (㉠ + 2 + 3 + 4)
   = ㉠ + ㉠ + ㉠ + ㉠ + 16 = 52입니다.
   ㉠ + ㉠ + ㉠ + ㉠ = 36이므로 ㉠ = 9입니다.
3) 따라서 가장 긴 테이프의 길이는
   ㉠ + 2+ 3 + 4 = 18cm 입니다. (정답)

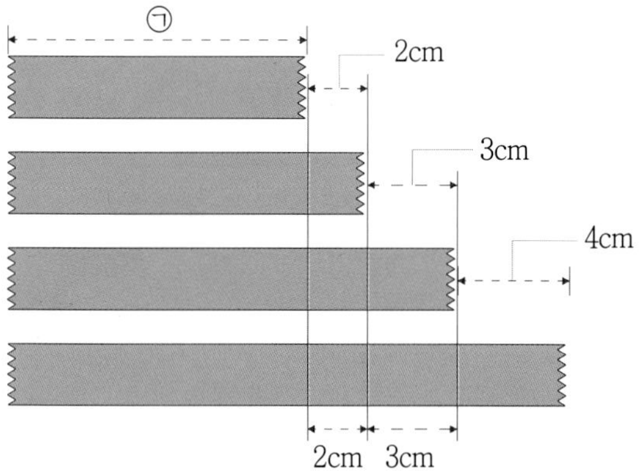

〈그림〉

연습문제 **12** .... P. 41

[정답] 12cm

[풀이 과정]

1) 초록색과 빨간색이 겹쳐서 묻은 곳의 높이가 1cm이므로 처음에 초록색이 묻지 않은 곳의 높이보다 1cm 더 높습니다. 따라서 페인트통 B 안에 담긴 페인트의 높이는 11 + 1 = 12cm입니다.

심화문제 **01** .... P. 42

[정답] 16cm

[풀이 과정]

1) 〈그림〉과 같이 노란색 막대기 한 개를 오른쪽으로 밀어 놓습니다. 파란색 막대기 1개와 노란색 막대기 1개의 길의 차가 6cm임을 표시합니다. 가운데 노란색 막대기는 12 - 2 = 10cm입니다.
2) 노란색 막대기 한 개와 파란색 막대기 한 개의 길이의 차는 6cm이므로 파란색 막대기 한 개의 길이는 10 + 6 = 16cm입니다.

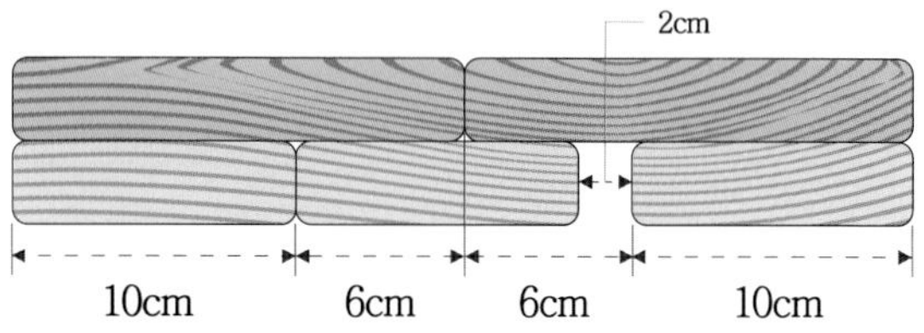

〈그림〉

심화문제 **02** .... P. 43

[정답] ㉠ = 2cm, ㉡ = 8cm

[풀이 과정]

1) 그림 B에서 밧줄의 총길이를 구합니다. 2cm 길이가 8번과 같으므로 길이는 총 2 × 8 = 16cm입니다.
2) 그림 B의 밧줄의 길이가 총 16cm이므로 그림 A에서 ㉡의 길이는 16cm의 절반인 8cm입니다.
   전체 길이 20cm에서 16cm를 빼면 4cm이므로 ㉠의 길이는 4cm의 절반인 2cm입니다.
3) 따라서 ㉠ = 2cm이고 ㉡ = 8cm입니다. (정답)

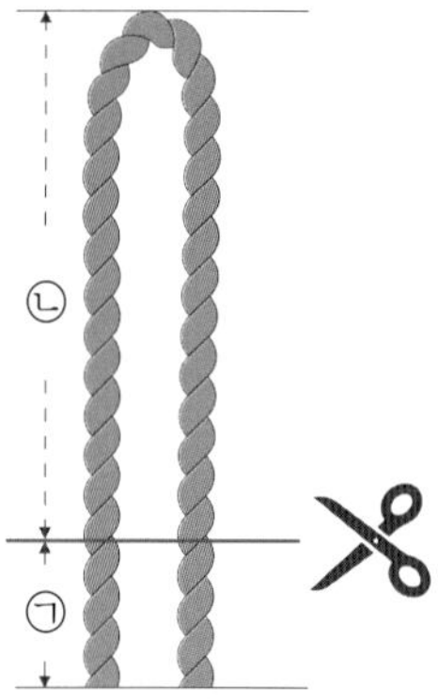

〈그림 ⓐ〉

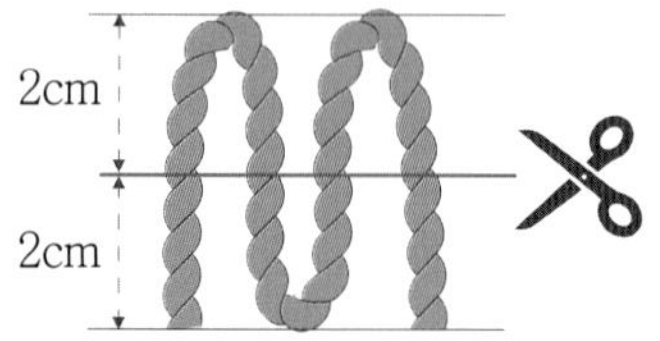

〈그림 ⓑ〉

심화문제 03 P. 44

[정답] 노란색 막대기 = 8cm, 성냥개비 = 5cm

[풀이 과정]

1) 〈그림〉에서 ㉠ 줄과 ㉡ 줄에서 파란색 막대기 한 개의 길이는 지우개 2개와 주황색 막대기 한 개의 길이를 합한 것과 같습니다. 12 = 6 + (지우개 2개의 길이)입니다. 지우개 1개의 길이는 3cm입니다.

2) ㉢ 줄에서 노란색 막대기의 길이는 (성냥개비 한 개의 길이) + 3cm이므로 지우개 1개와 성냥개비 3개의 길이는 18cm입니다.

3) 지우개 1개의 길이가 3cm이므로 성냥개비 3개의 길이는 18 - 3 = 15cm입니다. 따라서 성냥개비 한 개의 길이는 5cm이고 노란색 막대기의 길이는 5 + 3 = 8cm입니다. (정답)

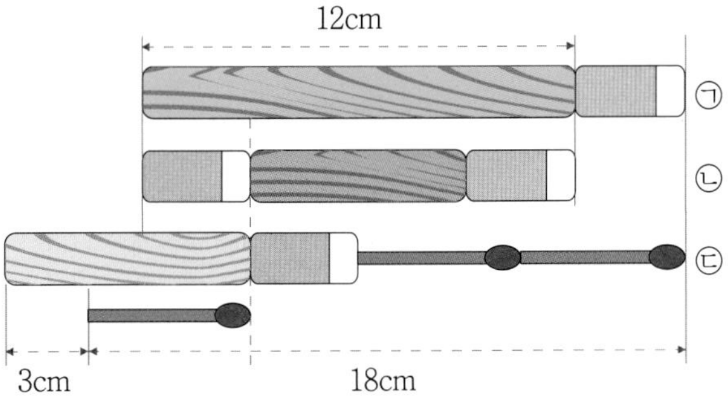

〈그림〉

심화문제 04 P. 45

[정답] 지우개 12개의 길이

[풀이 과정]

1) 〈그림〉에서 찾을 수 있는 조건을 생각합니다.

조건 ⓐ : ㉠ 줄과 ㉡ 줄의 지우개 2개를 각각 지우면 연필 4개의 길이는 지우개 4개와 성냥개비 2개의 길이의 합과 같습니다.

조건 ⓑ : ㉡ 줄과 ㉢ 줄의 성냥개비 2개를 각각 지우면 지우개 6개의 길이는 성냥개비 2개와 연필 2개의 길이의 합과 같습니다.

조건 ⓒ : ㉠ 줄과 ㉢ 줄의 연필 2개를 각각 지우면 성냥개비 4개의 길이는 연필 2개와 지우개 2개의 길이의 합과 같습니다.

2) 조건 ⓑ에 따라 (지우개 6개 + 지우개 6개)의 길이 = (성냥개비 2개 + 연필 2개 + 성냥개비 2개 + 연필 2개)의 길이와 같습니다.

3) 따라서 연필 4개와 성냥개비 4개의 길이의 합은 지우개 12개의 길이와 같습니다. (정답)

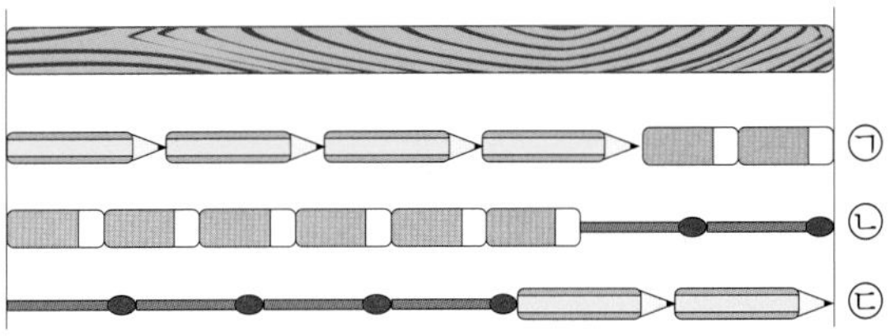

〈그림〉

창의적문제해결수학 **01** P. 46

[정답] 풀이 과정 참조

[풀이 과정]

1) 시작점에서부터 자른 길이가 16cm가 되기 위해서는 8칸의 삼각형을 잘라야 합니다. 5조각이 되도록 잘라야 하므로 빨간색 선으로 자르지 않고 〈정답 1, 2〉와 같이 자르면 됩니다.
2) 〈정답 1, 2〉 외에도 5조각을 자르는 길이가 총 16cm가 되도록 자르는 방법은 다양할 수 있습니다.

〈정답 1〉

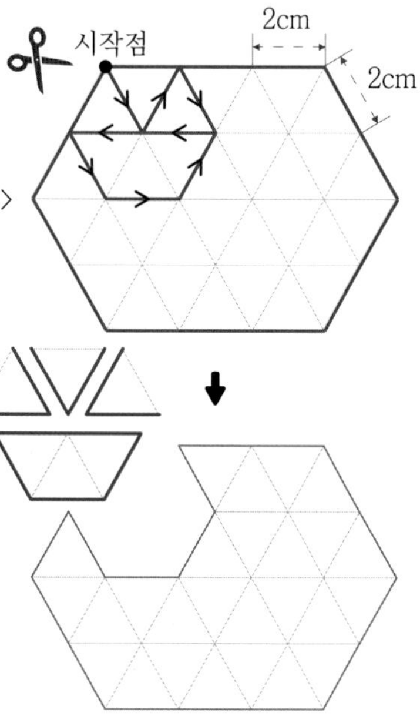

〈정답 2〉

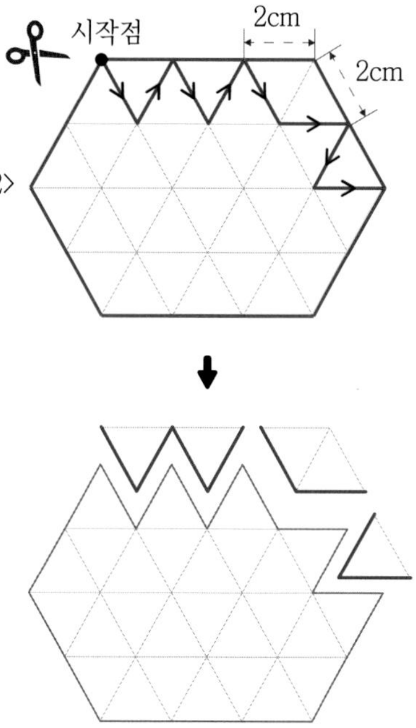

창의적문제해결수학 **02** P. 47

[정답] 8가지

[풀이 과정]

1) 가로의 길이가 7cm가 되기 위해 망고는 최대 7개까지 넣을 수 있습니다. 〈표〉와 같이 1cm짜리 망고를 0개부터 7개까지 넣을 때, 나머지 수박과 사과의 개수를 구합니다.
2) 따라서 가로의 길이의 합이 7cm인 경우는 모두 8가지입니다. (정답)

수박 3cm	사과 2cm	망고 1cm
0개	0개	7개
0개	1개	5개
1개	0개	4개
0개	2개	3개
1개	1개	2개
2개	0개	1개
0개	3개	1개
1개	2개	0개

〈표〉

3. 넓이와 들이 비교

대표문제 확인하기 1 P. 53

[정답] ㉠

[풀이 과정]

1) 〈그림〉의 ㉠과 ㉡에서  의 개수를 셉니다.

㉠에는  이 4개가 있고 ㉡에는  이 3개가 있습니다.

2) 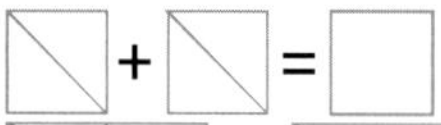 ,

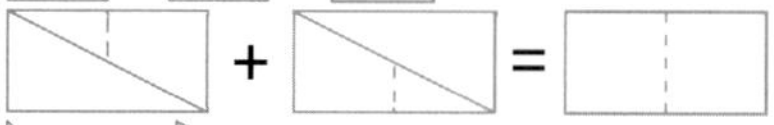 이므로 각각

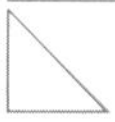 과  의 개수를 셉니다.

㉠에는 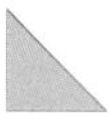 이 6개, 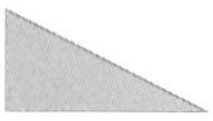 이 2개가 있습니다.

㉡에는  이 4개,  이 2개가 있습니다.

㉠에는  이 5개가 더 있고 ㉡에는  이 4개가 더 있습니다.

3) 따라서 ㉠에는  이 총 9개가 있고 ㉡에는  이 총 7개가 있습니다. ㉠의 넓이가 ㉡의 넓이보다 2만큼 더 큽니다.

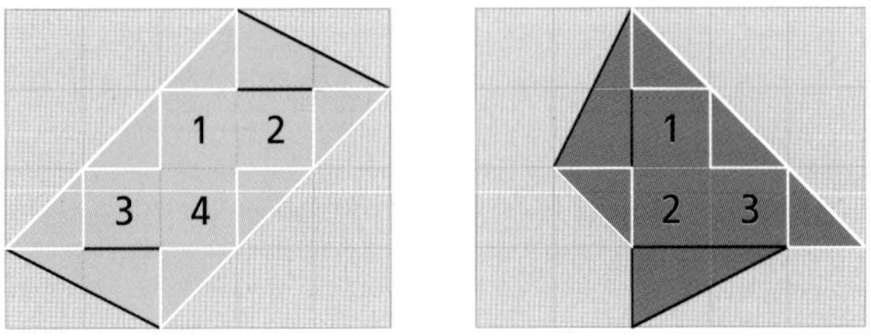

㉠ <그림> ㉡

대표문제 확인하기 2 ······························ P. 53

[정답] 가장 많이 사용할 때 : 6개,
가장 적게 사용할 때 : 4개

[풀이 과정]

1) 조각을 가장 적게 사용할 때는 넓이가 가장 넓은 도형을 사용해야 합니다. 따라서 <예시 정답 1>과 같이 4개의 조각으로 도형을 덮을 수 있습니다.

2) 조각을 가장 많이 사용할 때는 넓이가 가장 작은 도형을 사용해야 합니다. 따라서 <예시 정답 2>와 같이 6개의 조각으로 도형을 덮을 수 있습니다.

3) 이 외에도 4개의 조각과 6개의 조각을 이용한 다른 방법이 몇 개 더 있습니다.

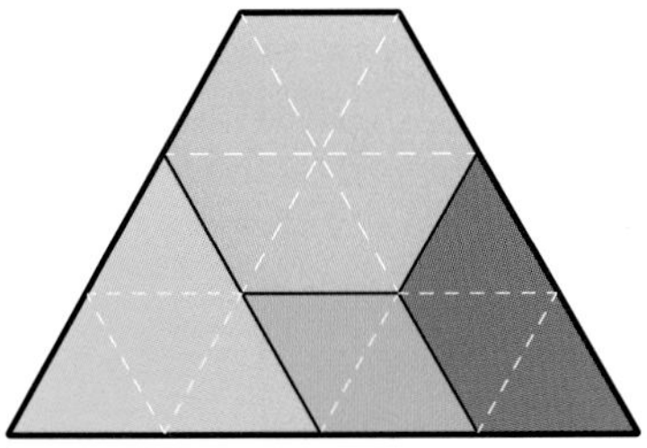

<예시 정답 1>

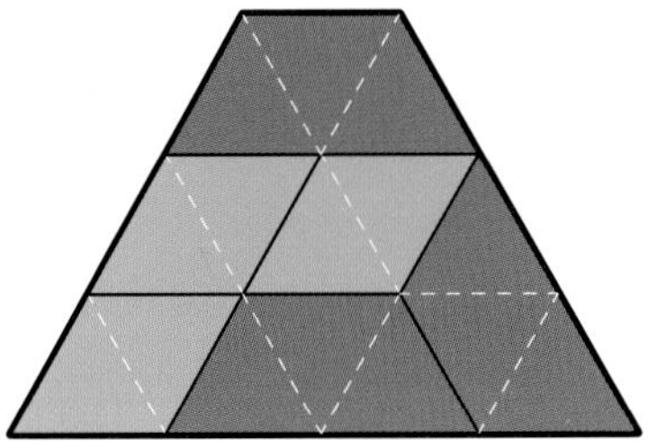

<예시 정답 2>

대표문제 확인하기 1 ······························ P. 55

[정답] 물통 ㉠

[풀이 과정]

1) 주어진 <그림>에서 빨강 구슬을 넣으면 물의 높이가 3칸 올라가고 노랑 구슬을 넣으면 물의 높이가 2칸 올라갑니다. 각 ㉠, ㉡의 구슬을 모두 꺼내 담긴 물의 양을 비교합니다.

2) 물통 ㉠의 노랑 구슬 4개를 모두 빼면 물의 높이는 8칸 내려가 2칸이 남습니다.

물통 ㉡의 빨강 구슬 1개와 노랑 구슬 2개를 모두 빼면 물의 높이는 7칸 내려가 3칸이 남습니다.

3) 각 물통의 구슬을 모두 뺐을 때, 물이 더 적게 담긴 물통은 ㉠입니다. (정답)

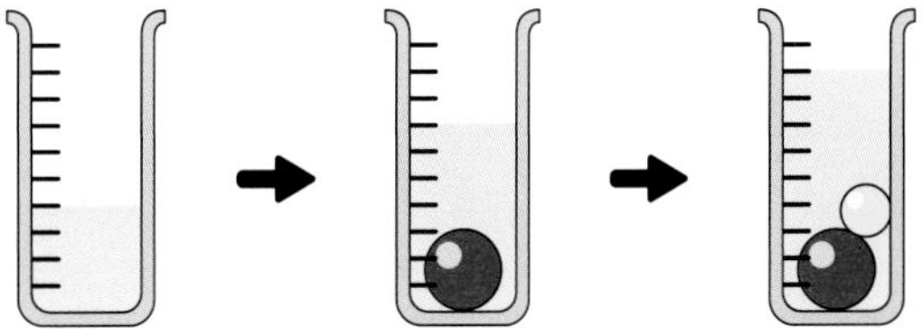

<그림>

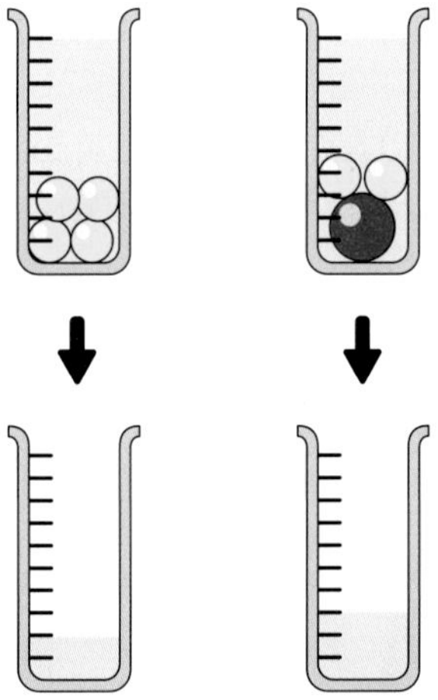

㉠ ㉡

대표문제 확인하기 2 .... P. 55

[정답] ㉡, ㉠, ㉢

[풀이 과정]

1) 〈그림〉에서 세 물통에 담긴 물의 높이와 구슬이 모두 같습니다. 각 물통의 넓이를 서로 비교합니다.
2) 물통의 넓이가 가장 넓을수록 들어 있는 물의 양이 많습니다. 물통의 넓이가 넓은 순서는 ㉡, ㉠, ㉢입니다. 따라서 물의 양이 많은 순서는 ㉡, ㉠, ㉢입니다. (정답)

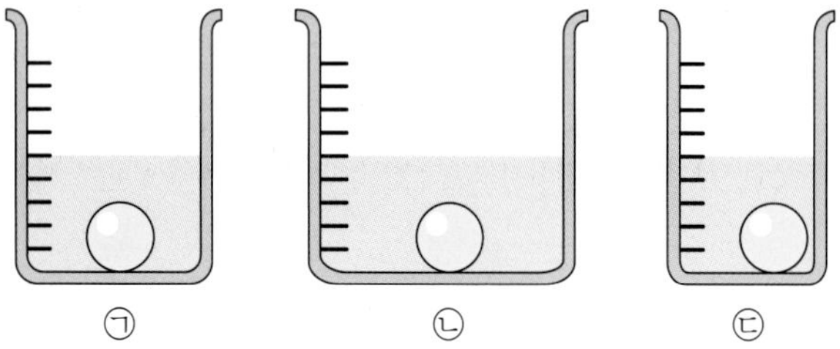

〈그림〉

연습문제 01 .... P. 56

[정답] 냄비

[풀이 과정]

1) 무우와 상상이는 각각 꽃병 A와 B를 사용해 주전자와 냄비에 물을 가득 채웠습니다. 〈그림〉과 같이 두 꽃병의 높이는 서로 같지만 꽃병 B가 꽃병 A보다 더 넓습니다.
2) 물을 옮긴 횟수가 같으므로 주전자보다 냄비가 담을 수 있는 물의 양이 더 많습니다. (정답)

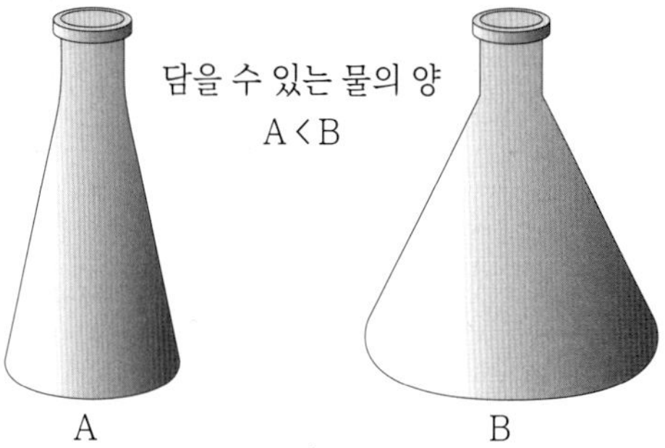

〈그림〉

연습문제 02 .... P. 56

[정답] 알알, 상상, 무우

[풀이 과정]

1) 가득 찬 무우 컵의 물이 상상이 컵의 반만 차므로 상상이의 컵이 무우의 컵보다 담을 수 있는 물의 양이 더 많습니다.
2) 가득 찬 상상이 컵의 물이 알알이 컵의 반만 차므로 알알이의 컵이 상상이의 컵보다 담을 수 있는 물의 양이 더 많습니다.
3) 따라서 담을 수 있는 물의 양이 많은 컵을 가진 순서는 알알, 상상, 무우입니다. (정답)

연습문제 03 .... P. 57

[정답] 초록색 땅

[풀이 과정]

1) 〈그림〉에 서로 같은 모양의 땅을 가진 부분을 X, O, △ 표시합니다. 노란색 남은 부분은  이고 초록색 남은 부분은  와  입니다.
2) 따라서 남은 부분이 더 큰 초록색 땅이 노란색 땅보다 더 넓습니다.

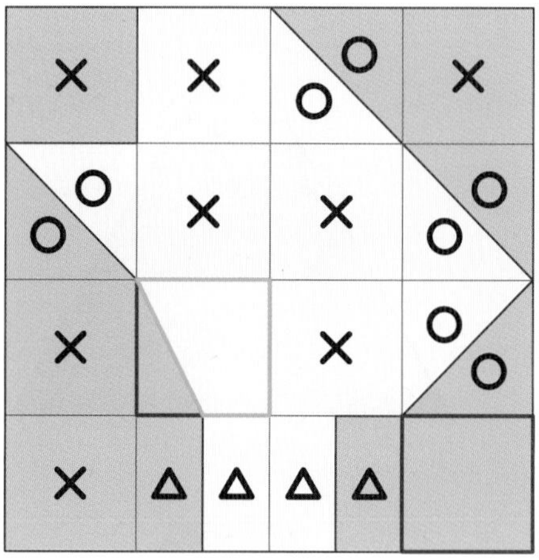

〈그림〉

연습문제 04 P. 57

[정답] 알알, 무우, 상상

[풀이 과정]

1) 〈그림〉과 같이 빨강 색종이와 노랑 색종이의 넓이를 생각합니다.

무우는 빨강 색종이 4장, 노랑 색종이 2장이므로 총 노랑 색종이 4장 사용한 것과 같습니다.

상상이는 빨강 색종이 6장이므로 총 노랑 색종이 3장을 사용한 것과 같습니다.

알알이는 빨강 색종이 3장, 노랑 색종이 3장이므로 총 노랑 색종이 4장과 빨강 색종이 1장을 사용한 것과 같습니다.

2) 따라서 넓게 붙인 사람을 순서대로 적으면 알알, 무우, 상상입니다. (정답)

〈그림〉

연습문제 05 P. 58

[정답] ㉤

[풀이 과정]

1) 〈그림 1〉과 같이 빨강 구슬 1개, 노랑 구슬 2개를 모두 꺼내면 물의 높이가 4칸으로 내려갑니다. 이처럼 각 물통 안의 구슬을 모두 꺼내서 물통에 담긴 물의 높이가 4칸인 물통을 찾습니다.

2) 〈그림 2〉와 같이 물통 ㉠부터 ㉤까지 안에 담긴 구슬을 모두 꺼냈을 때, 물통 ㉠부터 ㉤까지의 물의 높이는 각각 5칸, 3칸, 5칸, 2칸, 4칸으로 내려갑니다.

3) 따라서 〈그림 2〉에서 담긴 물의 높이가 〈그림 1〉과 같은 것은 ㉤입니다. (정답)

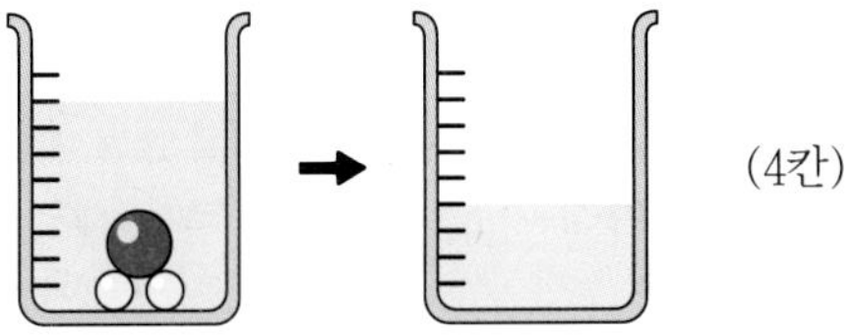

〈그림 1〉

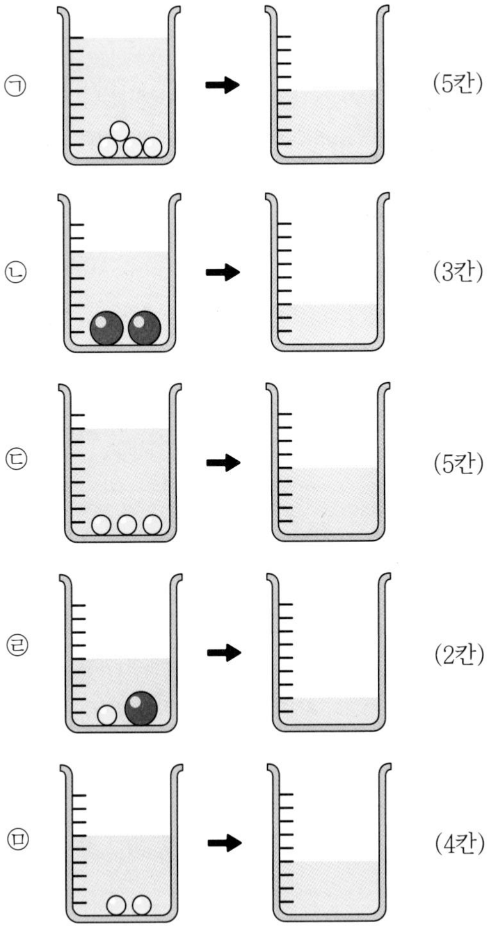

〈그림 2〉

연습문제 **06** .... P. 58

[정답] 파랑, 빨강, 초록, 노랑, 보라

[풀이 과정]

1) ㉠과 ㉣에 따라 넓이가 넓은 순서는 파랑, 빨강, 초록입니다.
   ㉡과 ㉢에 따라 넓이가 넓은 순서는 초록, 노랑, 보라입니다.
2) 따라서 넓이가 넓은 순서는 파랑, 빨강, 초록, 노랑, 보라 색종이입니다. (정답)

연습문제 **07** .... P. 59

[정답] ㉡, ㉢, ㉠

[풀이 과정]

1) 담을 수 있는 물의 양이 많을수록 크기가 큰 구슬을 더 많이 넣어야 합니다. ㉠, ㉡, ㉢중 크기가 큰 구슬인 빨강 구슬 3개와 노랑 구슬 1개를 넣은 ㉡이 ㉠과 ㉢보다 더 많이 물을 담을 수 있습니다.
2) 따라서 담을 수 있는 물의 양이 많은 수조부터 차례대로 적으면 ㉡, ㉢, ㉠ 순서입니다. (정답)

연습문제 **08** .... P. 59

[정답] 풀이 과정 참조

[풀이 과정]

1) 〈그림〉에서  은 3개가 있습니다.

 ,

 이므로 각각 

과  의 개수를 셉니다.

 은 3개가 있고  은 2개가 있습니다. 따라서 〈그림〉에는 모두  이 6개,  이 1개가 있습니다.

2) 〈그림〉의 넓이와 같은 도형을 〈예시 정답〉과 같이 여러 가지 모양으로 그릴 수 있습니다.

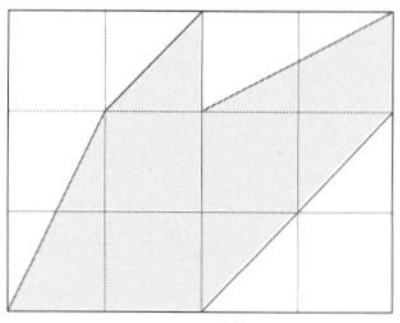

〈그림〉

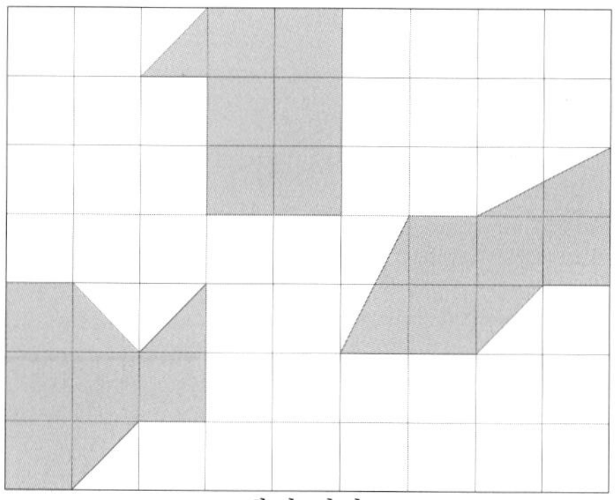

〈예시 정답〉

연습문제 **09** .... P. 60

[정답] ㉢, ㉡, ㉠

[풀이 과정]

1) 칠교판에서 삼각형 ⓖ, ⓓ의 넓이는 각각 1이고, 사각형 ⓐ, ⓒ과 삼각형 ⓑ의 넓이는 각각 2입니다. 삼각형 ⓕ, ⓔ의 넓이는 각각 4입니다.
2) 〈예시 정답〉과 같이 각 모양 칠교 조각으로 덮을 수 있습니다. 각 모양을 덮을 때 사용한 조각의 넓이를 각각 구해 서로 비교합니다.
3) ㉠의 넓이는 4 + 1 + 1 + 2 + 2 = 10입니다.
   ㉡의 넓이는 2 + 2 + 1 + 2 + 4 = 11입니다.
   ㉢의 넓이는 4 + 4 + 1 + 2 + 1 = 12입니다.
4) 따라서 넓이가 넓은 모양부터 차례대로 적으면 ㉢, ㉡, ㉠ 순서입니다. (정답)

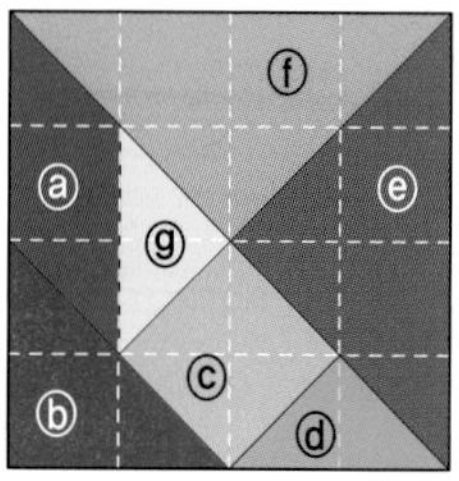

〈칠교판〉

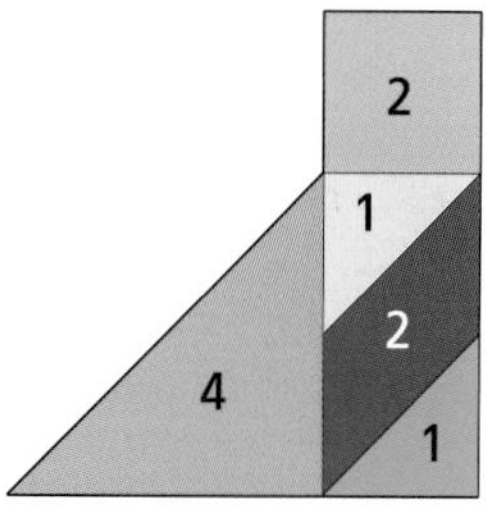

㉠

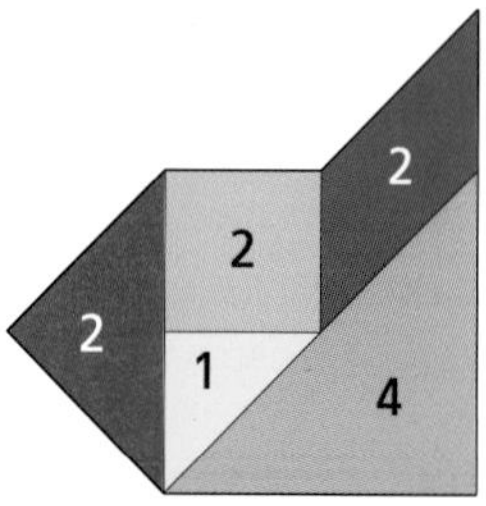

㉡

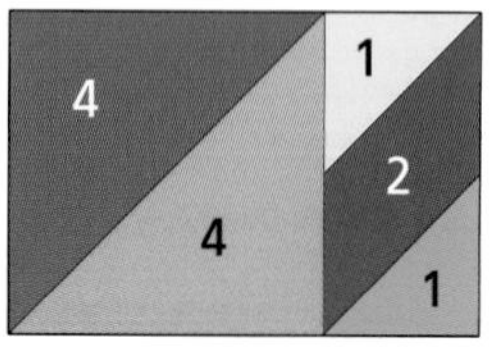

㉢

〈예시 정답〉

연습문제 **10** .... P. 60

[정답] 풀이 과정 참조

[풀이 과정]

1)  한 칸의 넓이가 1이므로  의 개수가 7개가 되도록 <예시 정답 1>과 같이 그립니다.

이외에도 <예시 정답 2>와 같이 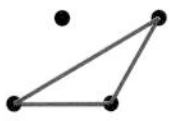 한 개의 넓이가  한 칸의 넓이와 같다는 것을 이용합니다.

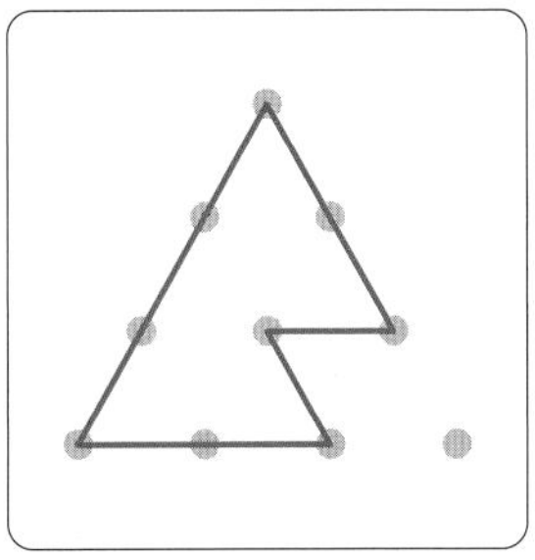

<예시 정답 1>

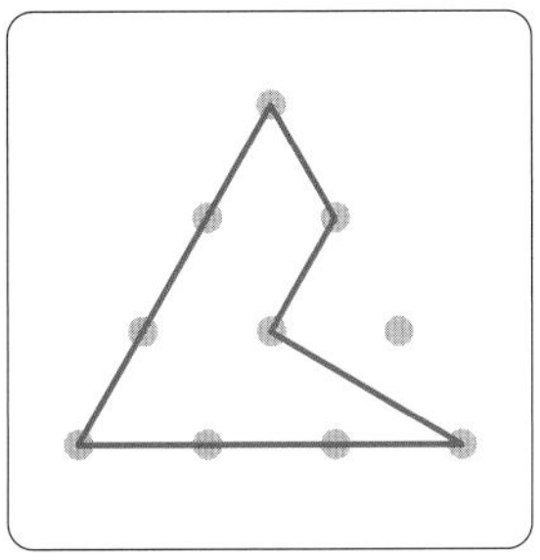

<예시 정답 2>

연습문제 **11** .... P. 61

[정답] 무우 : 2개, 상상 : 4개

[풀이 과정]

1) 무우가 초록색 구슬 한 개를 넣으면 물의 높이가 3칸 높아지고 상상이가 빨간색 구슬 한 개를 넣으면 물의 높이가 2칸 높아집니다.

2) 무우의 물통에 남은 칸은 5칸 입니다. 초록색 구슬 2개를 더 넣으면 물의 높이가 6칸 높아집니다.

따라서 무우는 적어도 초록색 구슬 2개를 더 넣으면 물통의 물이 넘치게 됩니다. (정답)

3) 상상이의 물통에 남은 칸은 7칸 입니다. 빨간색 구슬 4개를 더 넣으면 물의 높이가 8칸 높아집니다.

따라서 상상이는 적어도 빨간색 구슬 4개를 더 넣으면 물통의 물이 넘치게 됩니다. (정답)

연습문제 **12** .... P. 61

[정답] ㉠ : 회색, ㉡ : 회색

[풀이 과정]

1) <그림>과 같이 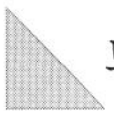 모양으로 각 도형을 나눠 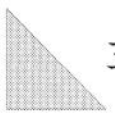 과  의 개수를 서로 비교합니다.

2) 먼저 ㉠에는 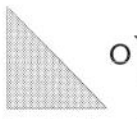 이 8개가 있고  이 7개가 있습니다. 회색의 넓이가 검은색 넓이보다 더 넓습니다.

3) ㉡에는 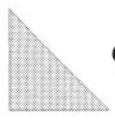 이 7개가 있고  이 6개가 있습니다. 회색의 넓이가 검은색 넓이보다 더 넓습니다.

4) 따라서 ㉠과 ㉡ 모두 회색의 넓이가 검은색의 넓이보다 더 넓습니다. (정답)

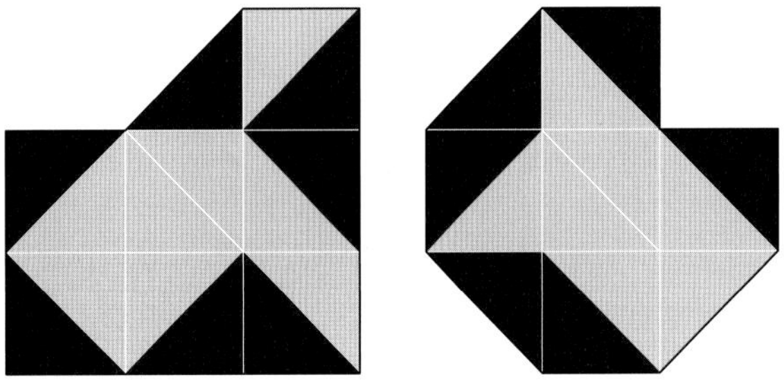

㉠ ㉡

<그림>

심화문제 **01** P. 62

[정답] ㉠, ㉢, ㉡, ㉣

[풀이 과정]

1) <그림>과 같이 두 가지 조각의 삼각형을 덮을 수 있습니다. ㉠부터 ㉣까지 모두 삼각형 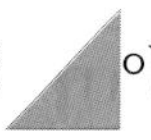이 4개가 있습니다. 각 모양의  의 개수를 비교합니다.

2) 따라서 넓은 것부터 순서대로 적으면 ㉠, ㉢, ㉡, ㉣ 순서입니다. (정답)

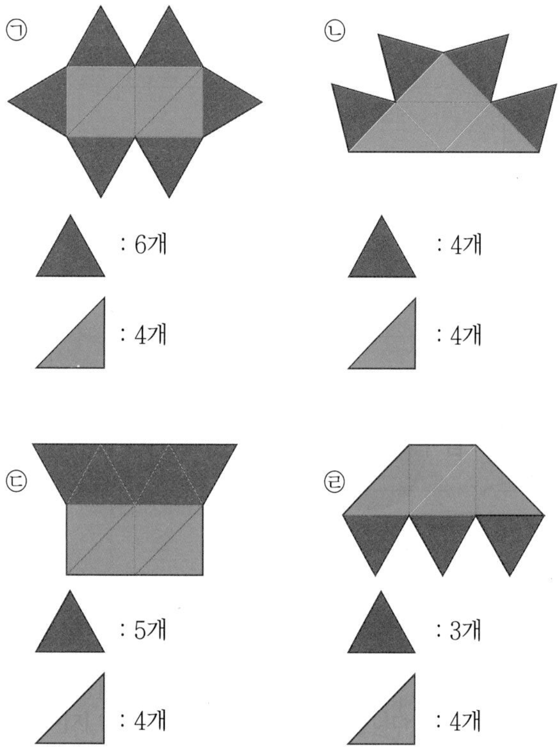

<그림>

심화문제 **02** P. 63

[정답] 풀이 과정 참조

[풀이 과정]

1) <그림>과 같이 빨간색 삼각형은 색칠된 부분의 넓이가 가장 많은 것이고 파란색 삼각형은 색칠된 부분의 넓이가 가장 적은 것입니다.

2) 넓이가 가장 많은 경우와 같이 색칠할 수 있습니다. 넓이가 가장 적은 경우를 회전시켜 3가지 방법으로 색칠할 수 있습니다.

<그림>

<가장 많은 경우>

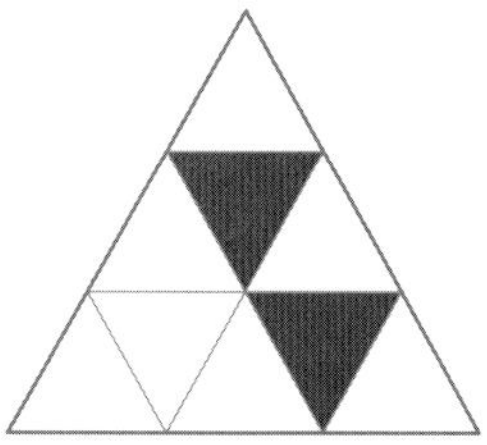
<가장 적은 경우>

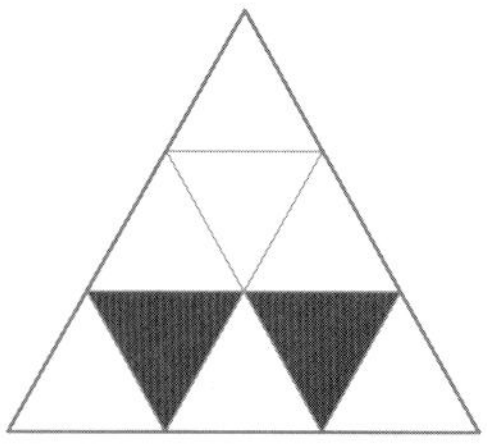
<가장 적은 경우>

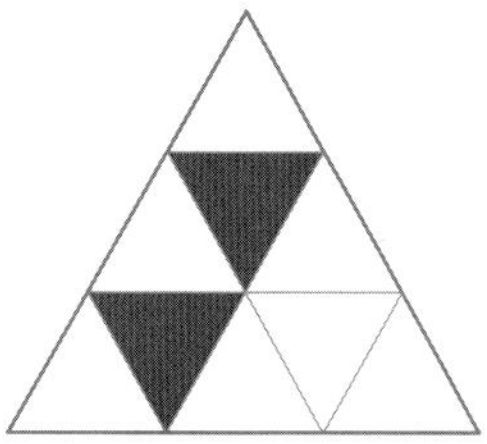
<가장 적은 경우>

심화문제 **03** ········· P. 64

[정답] 물통 ㉠

[풀이 과정]

1) A에서 B로 갈 때, 물통 ㉠에서 노란색 구슬 2개를 꺼냈고 물통 ㉡에서 노란색 구슬 1개와 빨간색 구슬 2개를 꺼냈습니다. 두 물통의 물의 높이가 2칸씩 같게 낮아졌습니다.
2) 크기는 ○ + ○ = ○ + ● + ●이므로 물통에 노란색 구슬 1개를 꺼냈을 때와 빨간색 구슬 2개를 꺼냈을 때 낮아지는 물의 높이는 서로 같습니다.
3) B에서 C로 갈 때, ㉡의 물의 높이는 ㉠의 물의 높이보다 더 낮아집니다. 따라서 C에서 물이 더 많이 남아있는 물통은 ㉠입니다. (정답)

심화문제 **04** ········· P. 65

[정답] 13번째

[풀이 과정]

1) 물의 높이가 9칸보다 높아지면 물이 넘칩니다. <표>와 같이 첫 번째에서 두 번째로 갈 때, 물의 높이가 1칸 낮아지고 두 번째에서 세 번째로 갈 때, 물의 높이가 2칸 높아집니다. 이 과정을 반복하여 처음으로 물통의 물의 높이가 9칸보다 높을 때를 찾습니다.
2) 따라서 <표>와 같이 13번째에 9칸보다 높은 10칸이 되므로 물통의 물이 넘칩니다. (정답)

	1번째	2번째	3번째	4번째
물의 높이	4칸	3칸	5칸	4칸

- 1 + 2 - 1

⋮

	4번째	5번째	6번째	7번째
물의 높이	4칸	6칸	5칸	7칸

+ 2 - 1 + 2

⋮

	7번째	8번째	9번째	10번째
물의 높이	7칸	6칸	8칸	7칸

- 1 + 2 - 1

⋮

	10번째	11번째	12번째	13번째
물의 높이	7칸	9칸	8칸	10칸

+ 2 - 1 + 2

<표>

창의적문제해결수학 **01** ········· P. 66

[정답] ㉢과 ㉣

[풀이 과정]

1) ㉠~㉥ 투명판의 색칠된 부분은 모두 4칸입니다. 두 개의 투명판을 겹쳤을 때, 같은 위치에 색칠된 부분이 적을수록 색칠한 부분의 넓이가 넓습니다.
2) ㉠부터 차례대로 다른 투명판과 한 개씩 겹쳤을 때, 같은 위치에 색칠된 부분의 개수를 구합니다.

   ㉠이 ㉡, ㉢, ㉣, ㉤, ㉥과 겹쳤을 때, 각각 2개, 2개, 3개, 2개, 2개입니다.

   ㉡이 ㉢, ㉣, ㉤, ㉥과 겹쳤을 때, 개수는 모두 2개입니다.

   ㉢이 ㉣, ㉤, ㉥과 겹쳤을 때, 개수는 각각 1개, 2개, 2개입니다.

   ㉣이 ㉤, ㉥과 겹쳤을 때, 개수는 각각 2개, 2개입니다.

   ㉤이 ㉥과 겹쳤을 때, 개수는 2개입니다.
3) 따라서 ㉢과 ㉣을 겹쳤을 때, 같은 위치에 색칠된 부분의 개수가 가장 적으므로 어둡게 칠한 부분의 넓이가 가장 넓습니다. (정답)

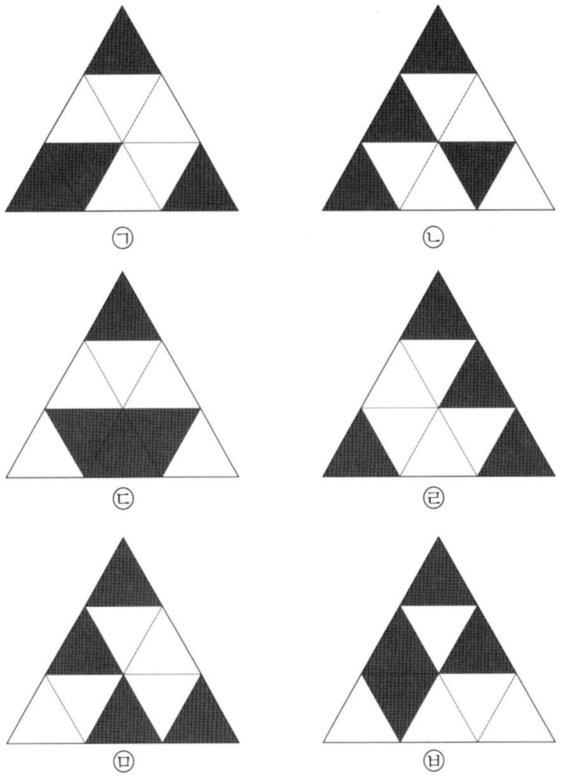

<그림>

창의적문제해결수학 02 P. 67

[정답] 풀이 과정 참조

[풀이 과정]

1) 알알이가 ㉠ 컵으로 2번, ㉡ 컵으로 2번, ㉢ 컵으로 2번 부어서 큰 냄비에 물을 가득 채웠습니다. 각 ㉠, ㉡, ㉢ 컵의 담을 수 있는 물의 높이는 5칸, 3칸, 2칸입니다.

큰 냄비를 가득 채우는 물의 높이는 5 × 2 + 3 × 2 + 2 × 2 = 20칸입니다.

2) 3 종류의 컵을 반드시 사용하여 물의 높이 20칸을 채우는 방법을 생각합니다. 〈표〉와 같이 알알이 방법 외에 3가지 방법으로 큰 냄비의 물을 채울 수 있습니다.

㉠ 컵 : 5칸	㉡ 컵 : 3칸	㉢ 컵 2칸
3번	1번	1번
총 칸의 수		
5×3+3×1+2×1=20		

㉠ 컵 : 5칸	㉡ 컵 : 3칸	㉢ 컵 2칸
1번	1번	6번
총 칸의 수		
5×1+3×1+2×6=20		

㉠ 컵 : 5칸	㉡ 컵 : 3칸	㉢ 컵 2칸
1번	3번	3번
총 칸의 수		
5×1+3×3+2×3=20		

〈표〉 - (정답)

4. 무게 비교

대표문제 확인하기 1 P. 73

[정답] 제이, 알알, 상상, 무우

[풀이 과정]

1) 상상 > 무우, 제이 > 알알 입니다.

4명 중에서 상상이보다 무거운 사람이 2명이므로 제이와 알알이가 가능합니다.

2) 무거운 순서는 제이, 알알, 상상, 무우입니다. (정답)

대표문제 확인하기 2 P. 73

[정답] ㉢, ㉡, ㉣, ㉠

[풀이 과정]

1) 모양의 무게가 더 무거울수록 고무줄이 더 많이 늘어납니다.

2) 무거운 순서는 ㉢, ㉡, ㉣, ㉠ 입니다. (정답)

대표문제 확인하기 1 ································· P. 75

[정답] 사과 4개

[풀이 과정]

1) 저울 ㉡에서 망고 2개는 사과 1개와 같습니다.
2) 저울 ㉠에 따라 수박 1개는 사과 3개와 같고 저울 ㉡에 따라 망고 2개는 사과 1개와 같으므로 〈정답〉과 같이 수박 1개와 망고 2개 무게의 합은 사과 4개와 같습니다.

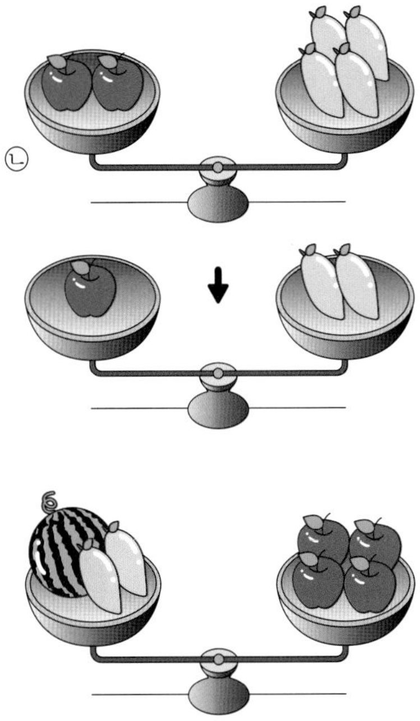

〈정답〉

대표문제 확인하기 2 ································· P. 75

[정답] 오른쪽에 추 2개

[풀이 과정]

1) 저울의 양쪽에서  1개씩 뺍니다.
2) 저울 ㉠과 ㉡에 따라 양쪽 모양을 추로 바꿉니다.
3) 따라서 수평이 되기 위해 〈정답〉과 같이 오른쪽에 추 2개를 더 올려놓아야 합니다.

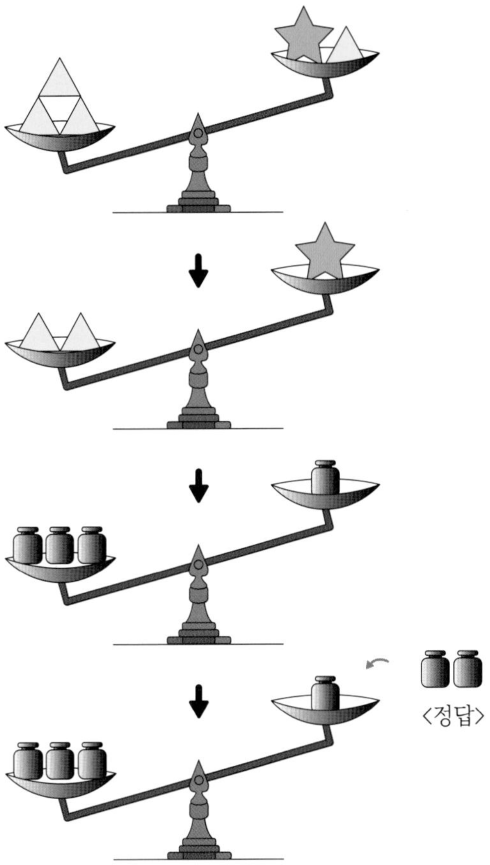

연습문제 **01** P. 76

[정답] △ 2개

[풀이 과정]

1) 저울 ㉠에 따라 ■ 1개는 ● 1개와 △ 1개 무게 합과 같으므로 아래와 같이 바꿀 수 있습니다.

2) 저울 ㉡에 따라 ● 2개는 △ 1개와 같으므로 아래와 같이 바꿀 수 있습니다.

3) 〈정답〉과 같이 ● 1개와 ■ 1개의 무게의 합은 △ 2개와 같습니다.

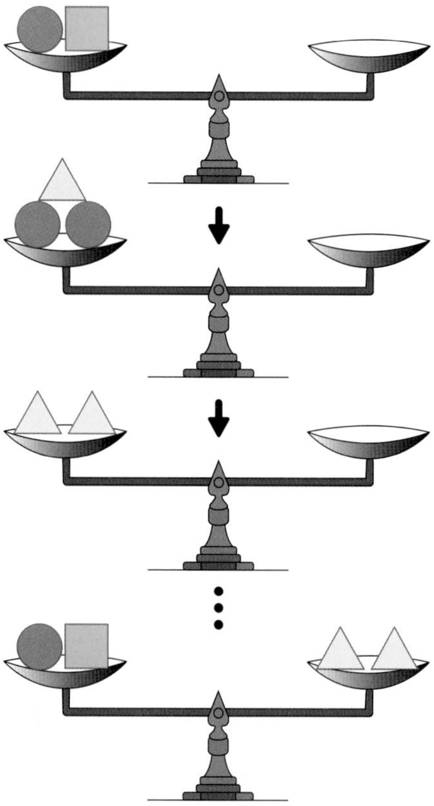

〈정답〉

연습문제 **02** P. 76

[정답] 제이

[풀이 과정]

1) 저울 ㉠에서 ★ 은 ■ 보다 더 무겁습니다. 무우은 틀리게 비교했습니다.

2) 저울 ㉡에서 ★ 과 ● 는 서로 무게가 같습니다. 상상이는 틀리게 비교했습니다.

3) 저울 ㉢에서 △ 은 ★ 보다 더 무거우므로 ■ 보다 더 무겁습니다. 알알이는 틀리게 비교했습니다.

4) ★ 과 ● 은 서로 같으므로 △ 은 ● 보다 더 무겁습니다. 따라서 제이가 바르게 비교했습니다. (정답)

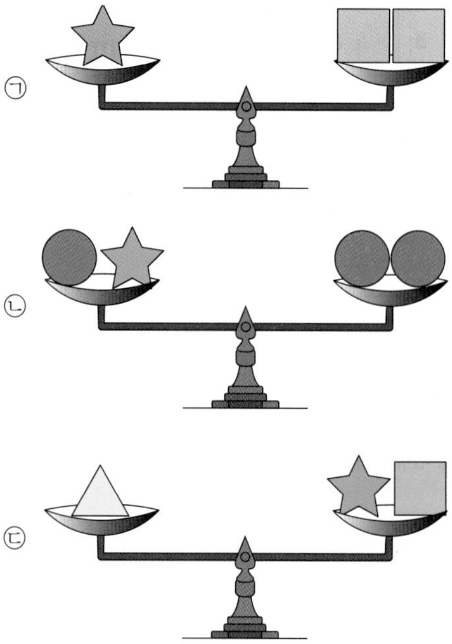

연습문제 03 ...... P. 77

[정답] (ⓛ, ⓒ)과 (㉠, ㉣)

[풀이 과정]

1) 저울 ⓐ에서 ⓛ과 ⓒ의 무게가 서로 같습니다.
2) ⓛ과 ⓒ의 무게가 서로 같으므로 아래 저울 ⓑ와 ⓒ와 같이 ㉠과 ㉣의 무게가 서로 같습니다.
3) 따라서 무게가 서로 같은 구슬은 (ⓛ, ⓒ)과 (㉠, ㉣)입니다. (정답)

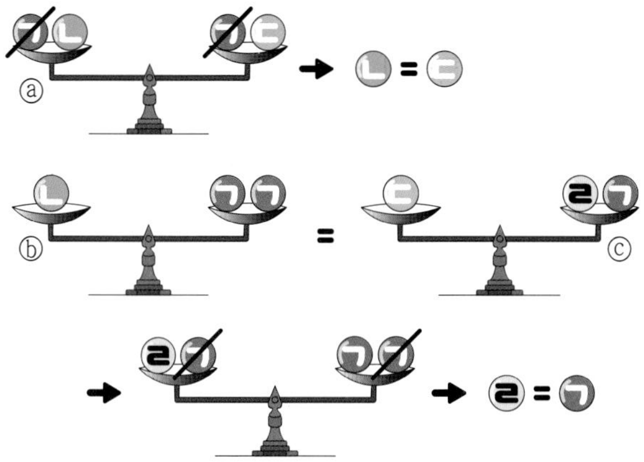

연습문제 04 ...... P. 78

[정답] , , , 

[풀이 과정]

1) 저울 ⓒ에서 은 가장 무겁고 저울 ⓛ에서  은 가장 가볍습니다.
2) 따라서 가벼운 순서는 , , ,  입니다. (정답)

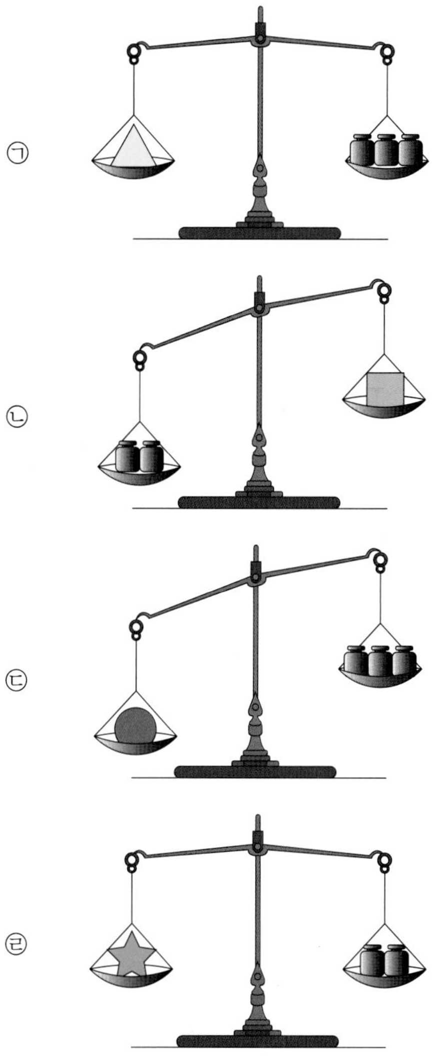

연습문제 **05** .... P. 79

[정답] 왼쪽

[풀이 과정]

1) 저울 ㉢에 따라  과  는 서로 무게가 같으므로 아래와 같이 놓을 수 있습니다.

2) 저울 ㉡의 양쪽 위에  을 한 개씩 놓아도 아래와 같이 왼쪽으로 기울어집니다.

3) 따라서 <정답>과 같이 왼쪽에  2개와 오른쪽에  1개를 놓으면 왼쪽으로 기울어집니다.

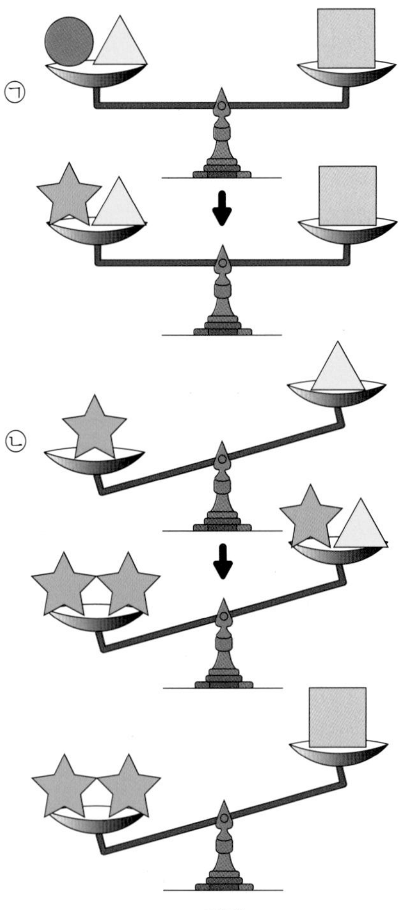

<정답>

연습문제 **06** .... P. 80

[정답] 오른쪽에 추 2개

[풀이 과정]

1) 저울의 양쪽  를 1개씩 놓으면 아래와 같습니다.
2) 저울 ㉠ 과 ㉡에따라 양쪽 모양을 추로 바꾸면 <정답>이 됩니다.
3) 수평이 되기 위해 <정답>과 같이 오른쪽에 2개의 추를 더 올려놓아야 합니다.

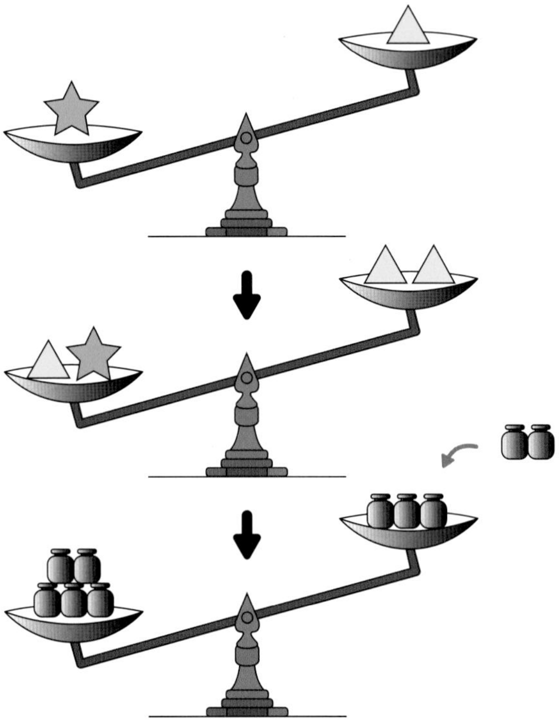

<정답>

연습문제 **07** ········· P. 80

[정답] ㉠, ㉣, ㉡, ㉢

[풀이 과정]

1) 저울 ⓐ ⇒ 구슬 ㉠ > 구슬 ㉡
   저울 ⓑ ⇒ 구슬 ㉡ > 구슬 ㉢
   저울 ⓒ ⇒ 구슬 ㉠ > 구슬 ㉣
2) 저울 ⓒ에서 저울 ⓐ에 따라 구슬 ㉠ 2개를 구슬 ㉡ 4개로 바꾸면 아래 저울 ⓓ가 됩니다.
3) 따라서 무거운 순서는 ㉠, ㉣, ㉡, ㉢입니다. (정답)

ⓐ
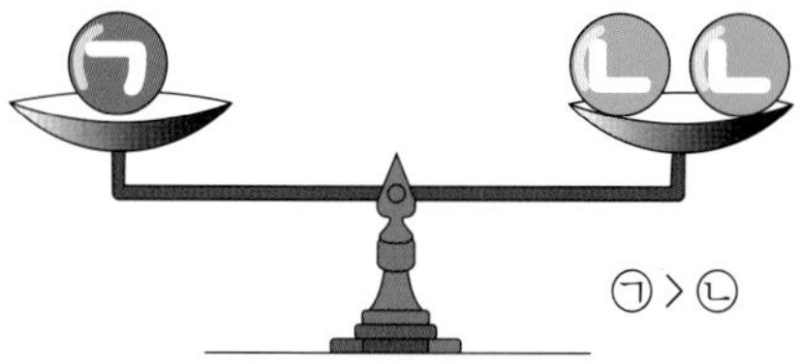

ⓑ
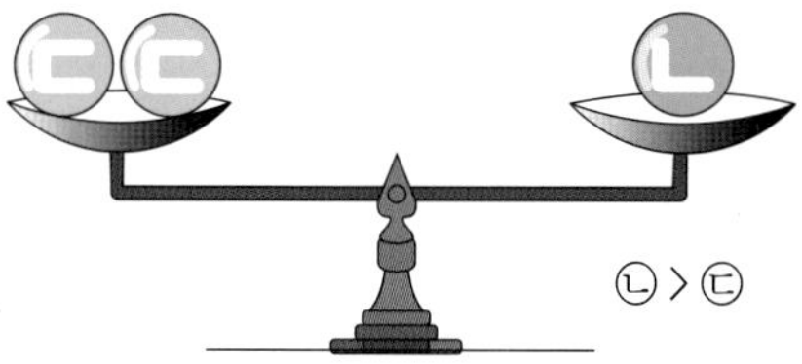

ⓒ
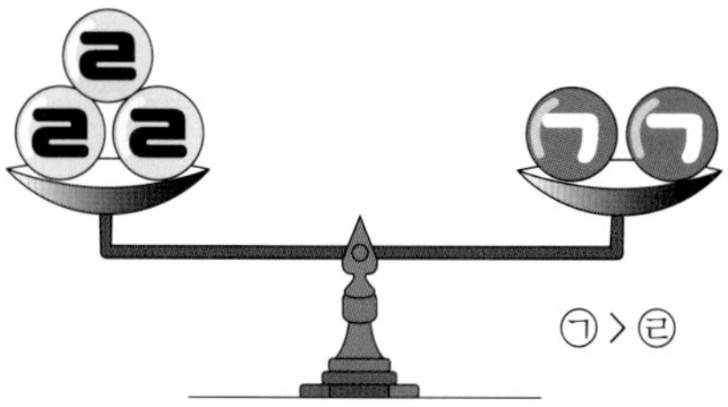

ⓓ
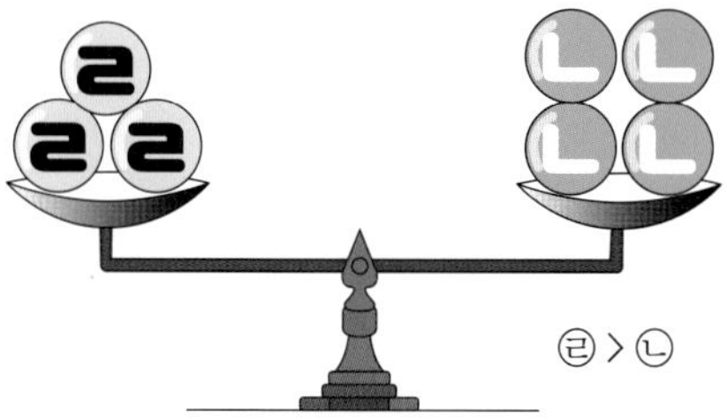

연습문제 **08** ········· P. 81

[정답] ④

[풀이 과정]

1) 저울 A에서 구슬 ㉠은 구슬 ㉡보다 더 무겁고 ㉣보다 더 무겁습니다. 저울 B에서 구슬 ㉣과 ㉢의 무게는 서로 같습니다.
2) 저울 ①과 ②에서 구슬 ㉠은 구슬 ㉣보다 더 무거우므로 각각 오른쪽과 왼쪽으로 기울어져야 합니다.
3) 저울 ③에서 구슬 ㉠은 구슬 ㉡보다 더 무거우므로 왼쪽으로 기울어져야 합니다.
4) 저울 ④에서 구슬 ㉣과 ㉢의 무게는 서로 같으므로 바르게 비교했습니다.
5) 따라서 바르게 비교한 것은 ④번입니다.

① 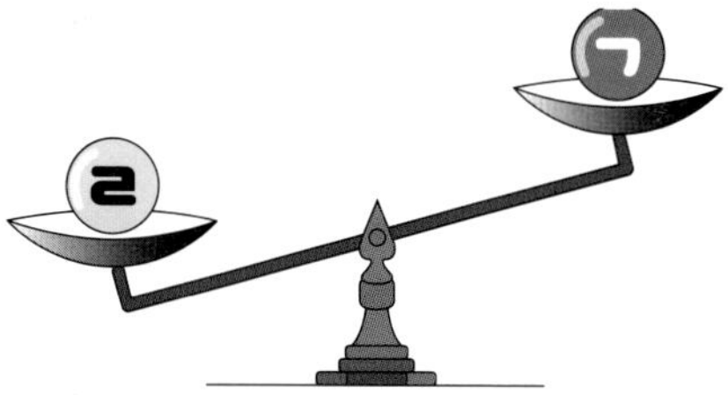 (✕)

②  (✕)

③  (✕)

④ 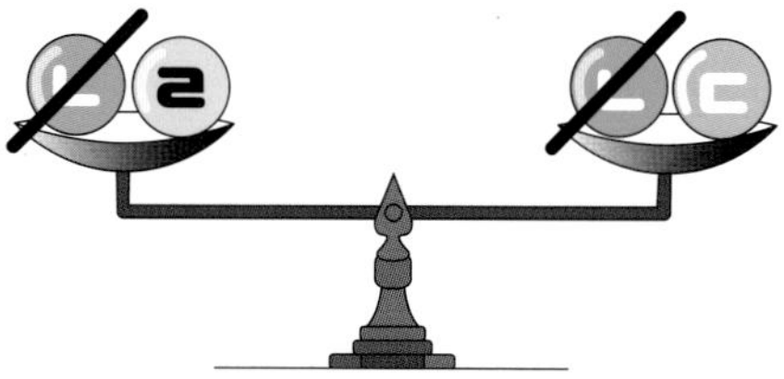 (○)

(정답)

연습문제 09 .... P. 82

[정답] ㉡, ㉢, ㉠

[풀이 과정]

1) 저울 A에서 수박 1개는 구슬 ㉠ 3개와 같습니다.
2) 저울 B에서 수박 1개는 구슬 ㉡ 1개와 같습니다.
3) 저울 C에서 저울 ⓐ에 따라 구슬 ㉠ 3개를 수박 1개로 바꿉니다. 따라서 수박 1개는 구슬 ㉢ 2개와 같습니다.
4) 무거운 순서는 ㉡, ㉢, ㉠입니다. (정답)

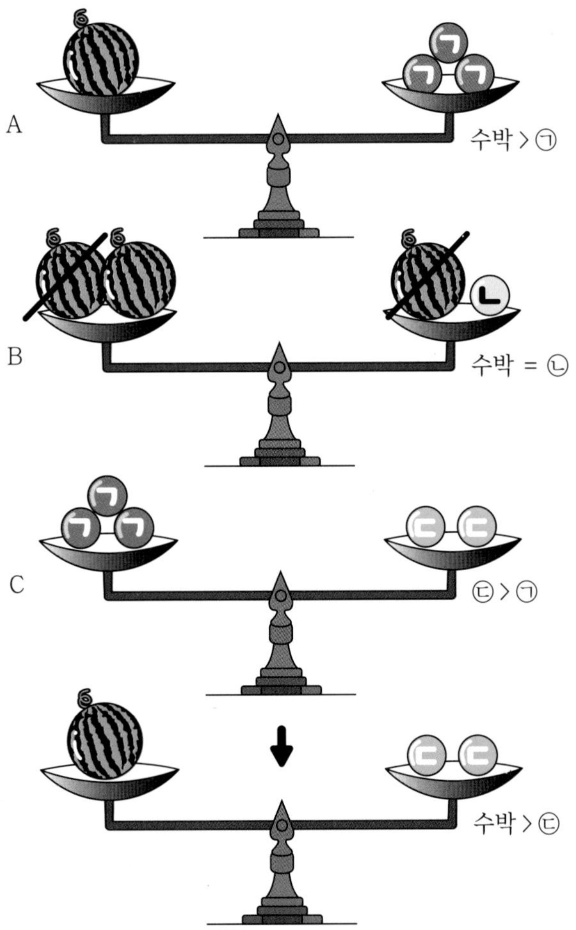

연습문제 10 .... P. 83

[정답] 노란색, 빨간색, 파란색, 초록색

[풀이 과정]

1) 저울 ㉠에서 > , 저울 ㉡에서 > , 저울 ㉢에서는 저울 ㉠에 따라 파란색 2개를 노란색1개로 바꾸면 > , 저울 ㉣ : > 입니다.
2) 무거운 순서는 노란색, 빨간색, 파란색, 초록색입니다. (정답)

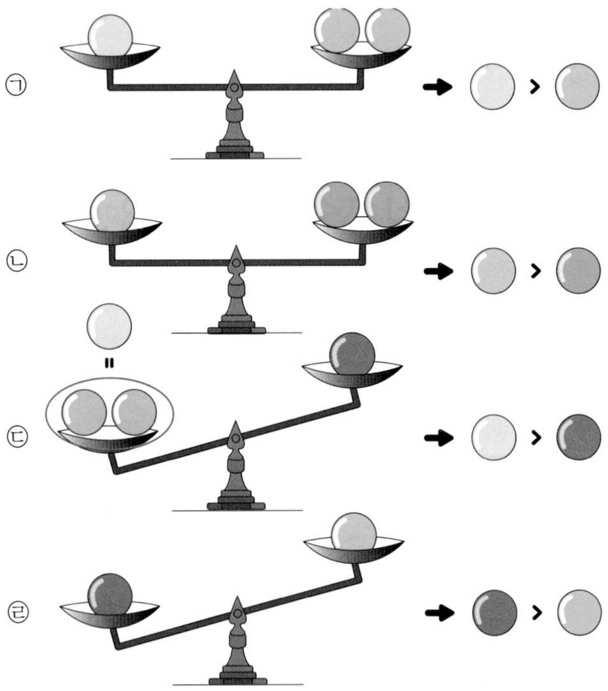

연습문제 11 ······························ P. 84

[정답] 추 5개

[풀이 과정]

1) 저울 ㉢에서 저울 ㉡에 따라  2개를  10개로 바꿉니다.

2) 저울 ㉠에 따라  2개씩을 추 3개씩으로 바꾸면 아래와 같습니다.

3)  3개가 추 15개와 같으므로 <정답>과 같이  1개는 추 5개와 같습니다.

㉢

(10개)

(15개)

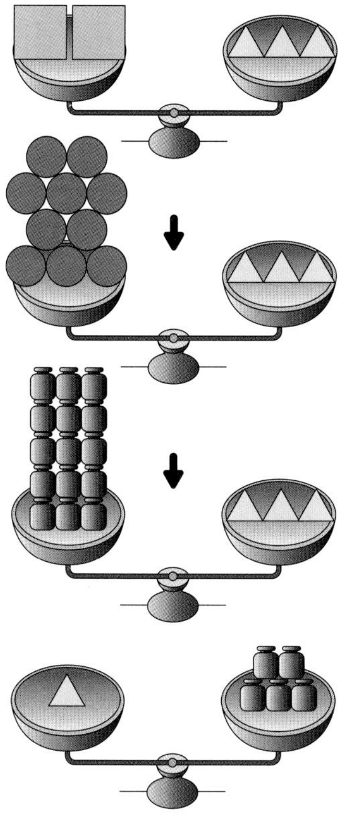

<정답>

연습문제 12 ······························ P. 85

[정답] 포도 7개

[풀이 과정]

1) 저울 ㉣에서 저울 ㉠에 따라 수박 1개를 포도 2개와 사과 1개로 바꿉니다.

㉣

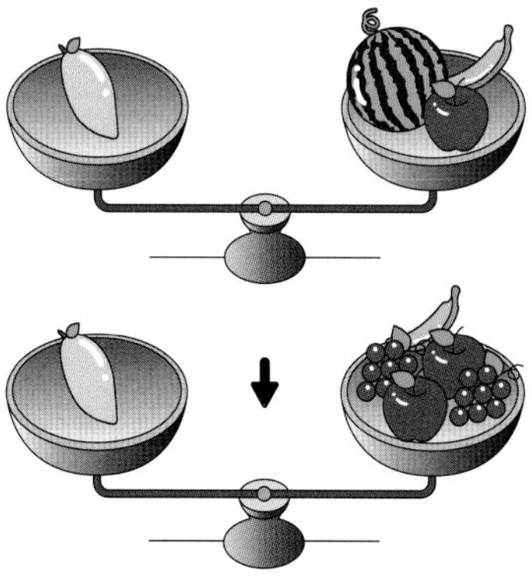

2) 저울 ㉢에 따라 사과 2개를 포도 4개와 바나나 2개로 바꾸면 아래와 같습니다.

3) 저울 ㉡에 따라 바나나 3개를 포도 1개로 바꾸면 <정답>이 됩니다.

4) 따라서 망고 1개의 무게는 포도 7개의 무게와 같습니다.

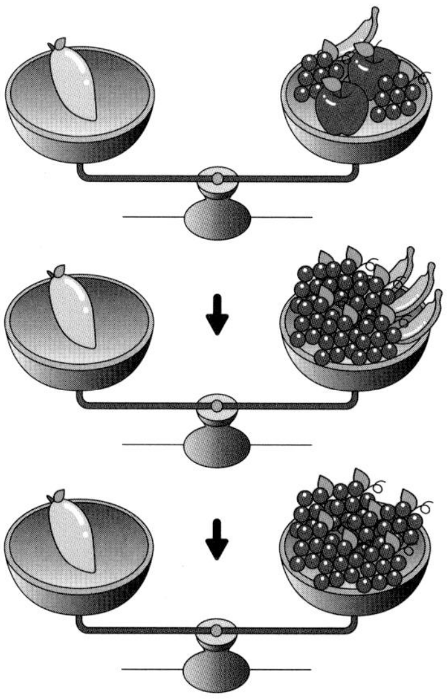

포도 6
바나나 3

포도 7

<정답>

심화문제 01 ······························ P. 86

[정답] 20

[풀이 과정]

1) 첫 번째 저울의 눈금이 4이므로 추 한 개의 무게는 1입니다. 두 번째, 세 번째, 네 번째 저울의 눈금은 각각 6, 8, 10 입니다.

2) 저울의 눈금이 2씩 커지는 규칙을 갖고 있습니다. 〈표〉와 같이 9번째 저울의 눈금은 20입니다.

	1번째	2번째	3번째	4번째
저울의 눈금	4	6	8	10

+ 2 + 2 + 2

	4번째	5번째	6번째	7번째
저울의 눈금	10	12	14	16

+ 2 + 2 + 2

	7번째	8번째	9번째
저울의 눈금	16	18	20

+ 2 + 2

〈표〉

심화문제 02 ······························ P. 87

[정답] 6가지

[풀이 과정]

1) 왼쪽의 무게가 4, 5, 6일 때, 추를 놓을 수 있는 각 경우를 구합니다.

 i) 왼쪽의 무게가 4 인 경우는 〈그림 1〉과 같습니다.

 ii) 왼쪽의 무게가 5 인 경우는 〈그림 2〉와 같습니다.

 iii) 왼쪽의 무게가 6 인 경우는 〈그림 3〉과 같습니다.

2) 따라서 수평을 만드는 방법은 모두 6가지입니다. (정답)

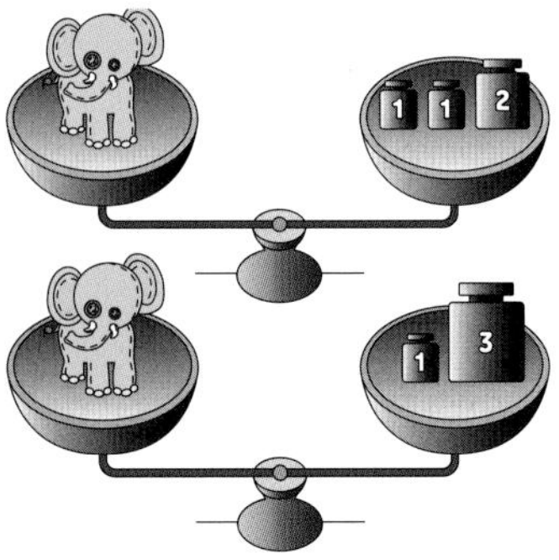

〈그림 1〉

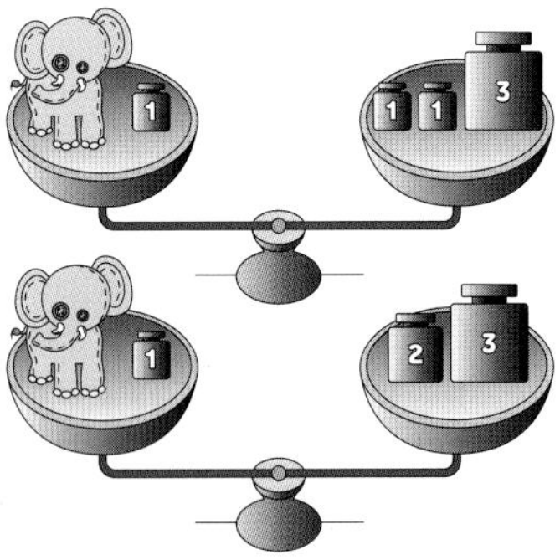

〈그림 2〉

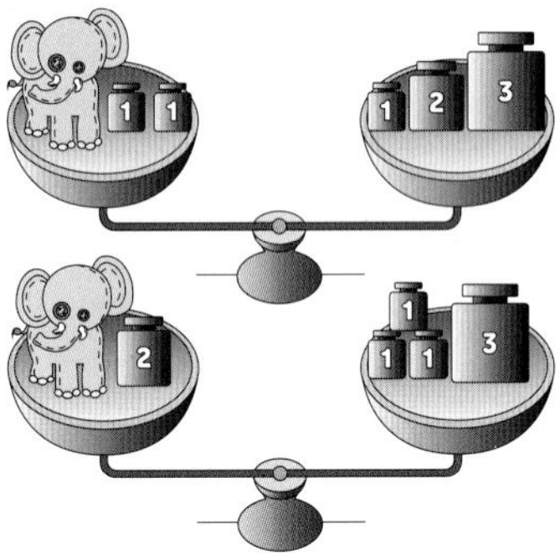

〈그림 3〉

심화문제 03 ······························ P. 88

[정답] 오른쪽 2 위치

[풀이 과정]

1) 무게가 같은 추를 왼쪽에는 6 위치에, 오른쪽에는 4 위치에 놓았더니 왼쪽으로 기울어졌습니다.

2) 6은 4보다 2만큼 크므로 〈정답〉과 같이 추를 오른쪽 2 위치에 놓으면 저울은 수평이 됩니다.

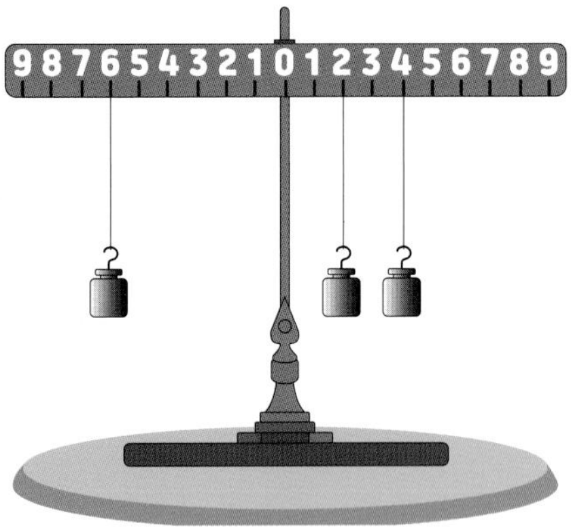

〈정답〉

심화문제 04 P. 89

[정답] 2가지

[풀이 과정]

1) 저울 ㉠과 ㉢에 따라 저울 ㉡에서 노란색 한 개는 추 3개의 무게와 같습니다.
2) 저울 ㉡과 ㉢에 따라 저울 ㉣에서 초록색 한 개는 추 5개의 무게와 같습니다.
3) 빨간색 = 추 1개, 파란색 = 추 2개, 노란색 = 추 3개, 초록색 = 추 5개와 같습니다.
4) 저울의 오른쪽에는 파란색 1개와 나머지 3개의 모양으로 무게가 10이 되도록 만들어야 합니다.
5) 〈정답〉과 같이 오른쪽에 () 또는 () 을 놓아 수평을 만들 수 있습니다.

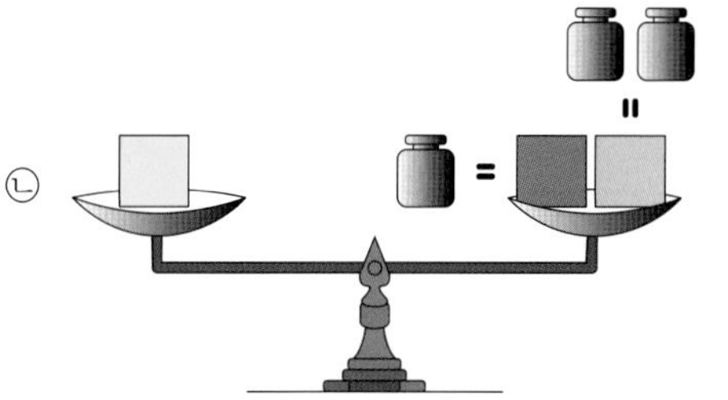

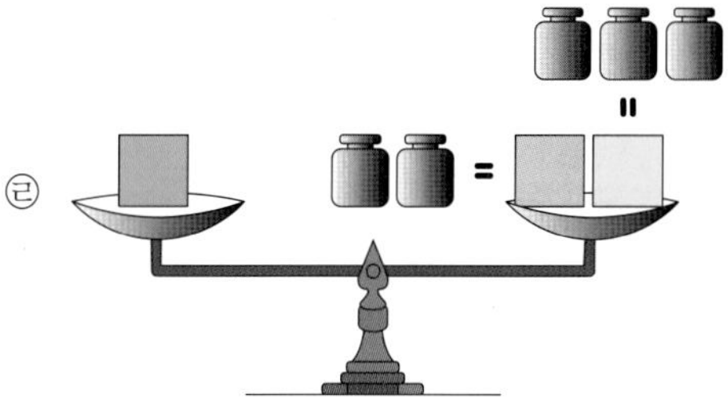

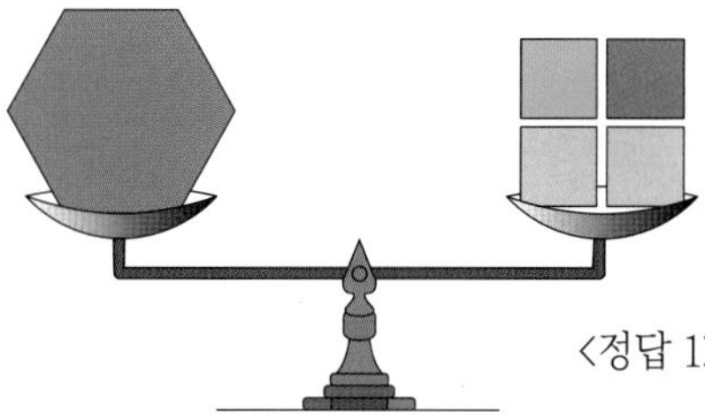

〈정답 1〉

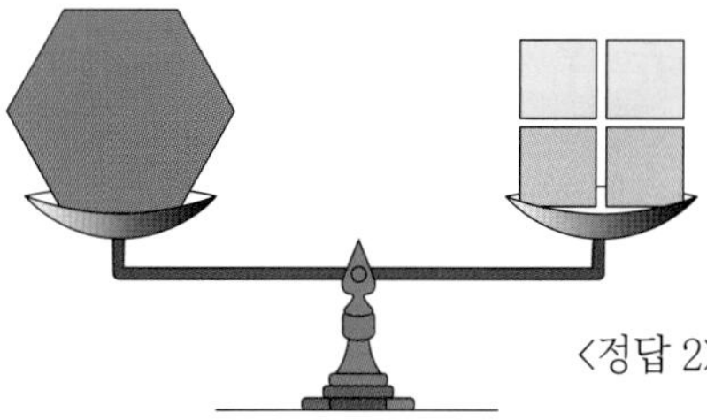

〈정답 2〉

창의적문제해결수학 01 P. 90

[정답] 알알, 제이, 무우, 상상 / 수박, 바나나, 사과, 망고

[풀이 과정]

1) 저울 ㉠과 ㉥에서 양쪽의 같은 무게의 과일을 지우면, 무우 > 상상 이고 무우 < 제이 입니다.
2) 저울 ㉣에서 무우 > 상상이지만 오른쪽으로 기울었으므로 제이 < 알알이입니다.
3) 저울 ㉡에서 제이 < 알알이지만 왼쪽으로 기울었으므로 사과 > 망고입니다.
4) 저울 ㉤에서 사과 > 망고이지만 왼쪽으로 기울었으므로 수박 > 바나나입니다.

➜ 무우 > 상상

➜ 무우 < 제이

➜ 제이 < 알알

➜ 사과 > 망고

➜ 수박 > 바나나

5) 저울 ㉢에서 수박 > 바나나이지만 오른쪽으로 기울었으므로 사과 < 바나나입니다.
6) 따라서 무거운 사람의 순서는 알알, 제이, 무우, 상상이고 무거운 과일의 순서는 수박, 바나나, 사과, 망고입니다. (정답)

→ 사과 < 바나나

창의적문제해결수학 02 P. 91

[정답] 가장 무거운 과일 : 수박, 가장 가벼운 과일 : 사과
추가로 비교할 것 : (포도, 망고)

[풀이 과정]

1) 저울에서 올라가는 쪽이 더 가볍고 내려가는 쪽이 더 무겁습니다.
네 명의 대화 내용을 보고 ㉠ 수박 > 포도, ㉡ 망고 > 사과, ㉢ 사과 < 포도, ㉣ 망고 < 수박임을 알 수 있습니다.

2) ㉠ 과 ㉢에 따라 수박 > 포도 > 사과가 되고
㉡ 과 ㉣에 따라 수박 > 망고 > 사과가 됩니다.
따라서 가장 무거운 과일은 수박이고 가장 가벼운 과일은 사과입니다. (정답)

3) 무거운 과일 순서대로 나열하기 위해서는 포도와 망고를 서로 비교해야 합니다. (정답)

5. 시계와 달력

대표문제 확인하기 1 P. 97

[정답] 가장 많이 잔 사람 = 알알,
가장 적게 잔 사람 = 무우

[풀이 과정]

1) 시계를 보고 각자 일어난 시각을 구합니다.
무우 = 8시 5분, 상상 = 8시 55분,
알알 = 9시 20분, 제이 = 8시 35분
넷 중에서 가장 먼저 일어난 사람이 가장 적게 잠을 잔 사람입니다.

2) 따라서 가장 적게 잔 사람은 무우, 가장 많이 잔 사람은 알알이입니다. (정답)

대표문제 확인하기 2 P. 97

[정답] 2시간 10분

[풀이 과정]

1) 공연 시작한 시각과 끝난 시각을 각각 구하면 5시 35분과 7시 45분입니다.

2) 짧은바늘은 2칸 이동하고 긴바늘은 두 바퀴를 돌고도 2칸 더 이동했으므로 총 2시간 10분이 지났습니다.

3) 따라서 2시간 10분 동안 공연을 보았습니다. (정답)

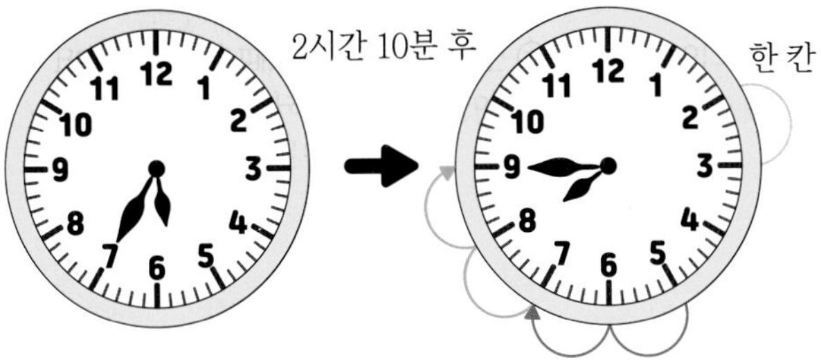

〈공연 시작한 시각〉 ⇒ 5시 35분

〈공연 끝난 시각〉 ⇒ 7시 45분

대표문제 확인하기 1 P. 99

[정답] 월요일

[풀이 과정]

1) 1월달 달력의 날짜를 적습니다.

2) 1월 1일이 월요일이므로 작년 12월 31일은 일요일입니다. 31일부터 거꾸로 25일까지 12월 달력에 날짜를 아래와 같이 적습니다.

3) 따라서 작년 크리스마스는 월요일입니다.

작년 12월

월	화	수	목	금	토	일
25	26	27	28	29	30	31

〈크리스마스〉

올해 1월

월	화	수	목	금	토	일
1	2	3	4	5	6	7
8	9	10	11	12	13	14
15	16	17	18	19	20	21
22	23	24	25	26	27	28
29	30	31				

대표문제 확인하기 2 P. 99

[정답] 풀이 과정 참조

[풀이 과정]

1) 빈칸에 ㉠부터 ㉣까지 기호를 적습니다.

3일을 기준으로 아래 칸인 ㉠은 3 + 7 = 10일입니다.

㉠은 10일이므로 다음 날인 ㉡은 10 + 1 = 11일입니다.

㉠을 기준으로 대각선 ㉢은 10 + 7 - 1 = 16일입니다.

㉢을 기준으로 3 일 후인 ㉣은 16 + 3 = 19입니다.

2) 따라서 〈정답〉과 같이 빈칸을 채울 수 있습니다.

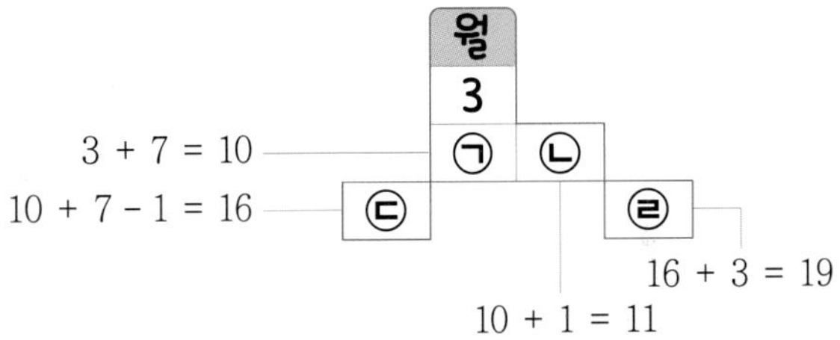

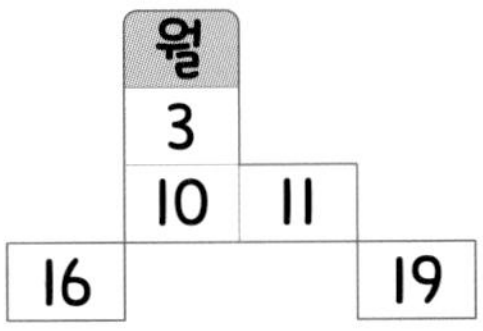

〈정답〉

연습문제 01 P. 100

[정답] 풀이 과정 참조

[풀이 과정]

1) 잠든 시각은 10시 20분입니다. 제이가 5시간 25분 동안 잠을 잤으므로 짧은바늘이 5칸 움직인 시각에서 긴바늘은 5칸 더 움직입니다.

2) 따라서 제이가 일어난 시각인 3시 45분을 〈정답〉과 같이 그리면 됩니다.

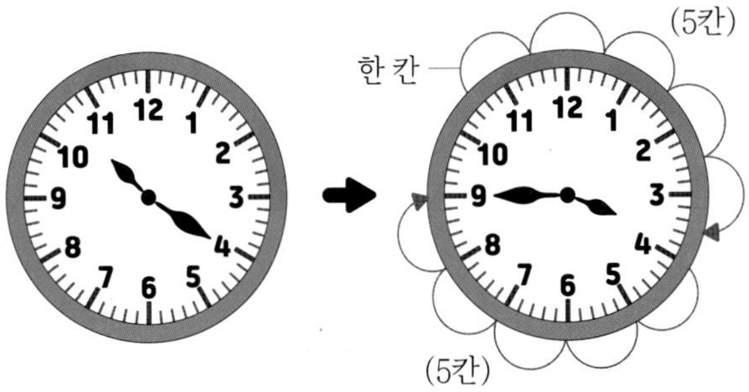

〈잠든 시각〉

〈일어난 시각〉

〈정답〉

5 정답 및 풀이

연습문제 **02** ······························ P. 100

[정답] 6일, 13일, 20일, 27일

[풀이 과정]

1) <그림>과 같이 9일인 토요일에서 3일 전인 수요일은 6일 입니다.

2) 이 달 수요일의 날짜는 6일, 6 + 7 = 13일, 13 + 7 = 20일, 20 + 7 = 27일입니다. (정답)

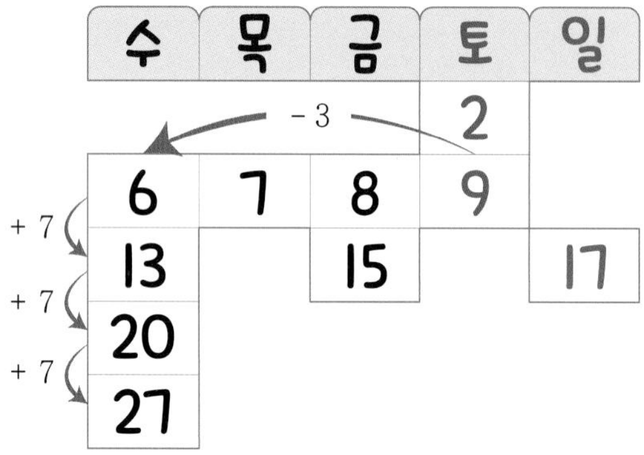

<그림>

연습문제 **03** ······························ P. 101

[정답] 제이

[풀이 과정]

1) 주어진 시계를 거울에 비추면 <그림>이 됩니다. 3시 정각을 가리키는 바늘 모양과 똑같으므로 상상이는 바르게 말했습니다.

2) 주어진 시계는 9시 정각을 나타내고 있으므로 알알이는 바르게 말했습니다.

3) 제이는 잘못 말했습니다. (정답)

<그림>

연습문제 **04** ······························ P. 101

[정답] 5월 7일 토요일

[풀이 과정]

1) 4월 3일에는 태국 여행을 시작합니다. 그 후 20일 동안 여행을 하면 4월 22일에 여행이 끝납니다. 태국 여행 끝난 날인 4월 22일로부터 15일 후는 5월 7일입니다.

2) 따라서 무우와 친구들은 5월 7일 토요일에 일본 여행을 갑니다. (정답)

4월

월	화	수	목	금	토	일
				1	2	3
4	5	6	7	8	9	10
11	12	13	14	15	16	17
18	19	20	21	22	23	24
25	26	27	28	29	30	

태국 여행 시작 (3)

태국 여행 끝 (22)

5월

월	화	수	목	금	토	일
						1
2	3	4	5	6	7	8

일본 여행 가는 날 (7)

연습문제 **05** ······························ P. 102

[정답] ㉡, ㉢, ㉣

[풀이 과정]

1) 긴바늘이 숫자 6을 가리키면 30분을 나타내고, 긴바늘이 숫자 12를 가리키면 정각을 나타냅니다.

2) 주어진 시간을 시계로 나타낼 수 있습니다.

3) 긴바늘이 숫자 6과 12를 가리키고 있는 시계는 ㉡, ㉢, ㉣ 입니다. (정답)

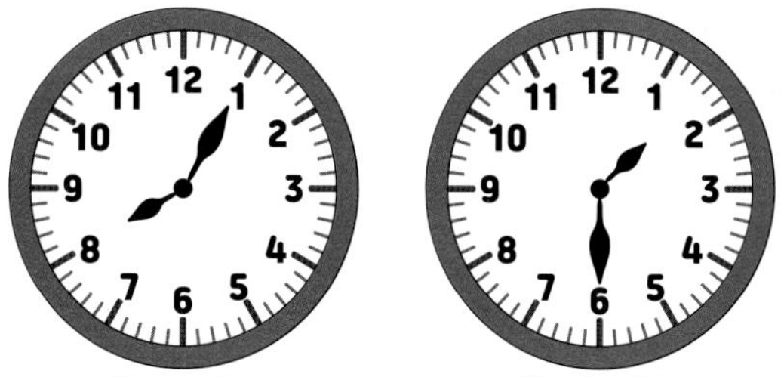

㉠ 8 : 05　　㉡ 1 : 30

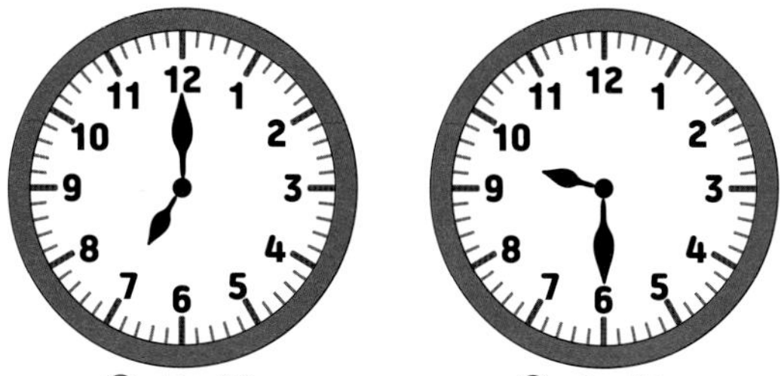

㉢ 7 : 00　　㉣ 9 : 30

㉤ 12 : 50　　㉥ 6 : 25

연습문제 06 P. 103

[정답] 시계 ㉣

[풀이 과정]

1) 거울의 비친 시계를 실제 시계로 바꿔서 생각합니다.
시계 ㉠의 시각 : 8시 30분, 시계 ㉡의 시각 : 9시 55분,
시계 ㉢의 시각 : 9시 20분, 시계 ㉣의 시각 : 8시 50분

2) 시계 ㉣이 8시 50분으로 9시에 가장 가까운 시각을 나타내고 있습니다. (정답)

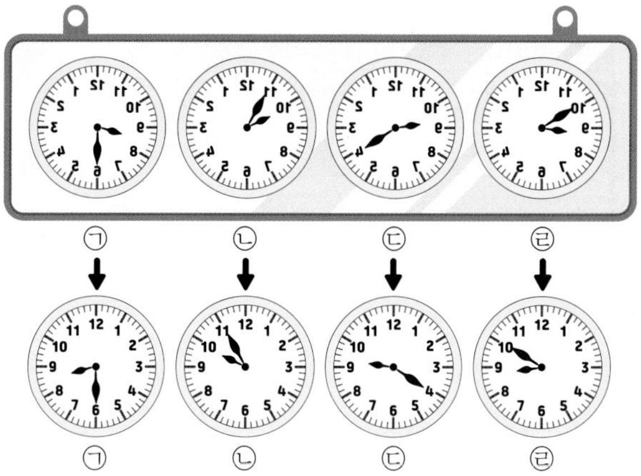

연습문제 07 P. 104

[정답] 풀이 과정 참조

[풀이 과정]

1) 첫 번째 금요일의 날짜가 A 일이면 두 번째 수요일 날짜는 A + 5일입니다.

2) A + A + 5 = 13이므로 A + A = 8이고, A = 4이므로 첫 번째 금요일의 날짜는 4일입니다.

3) 따라서 <정답>과 같이 첫 번째 금요일과 두 번째 수요일의 날짜를 적은 후 1월 달력을 완성할 수 있습니다.

1월

월	화	수	목	금	토	일
	1	2	3	4	5	6
7	8	9	10	11	12	13
14	15	16	17	18	19	20
21	22	23	24	25	26	27
28	29	30	31			

첫 번째 금요일

두 번째 수요일

<정답>

연습문제 08 P. 105

[정답] 14일, 26일

[풀이 과정]

1) 달력과 같이 7월달 날짜를 1일부터 31일까지 적은 후, 무우와 상상이가 각각 학원을 가는 날짜를 표시합니다.

2) 따라서 무우와 상상이가 같이 수학 학원을 가는 날은 14일과 26일입니다. (정답)

7월

월	화	수	목	금	토	일
1	2	3	4	5	6	7
8	9	10	11	12	13	14
15	16	17	18	19	20	21
22	23	24	25	26	27	28
29	30	31				

◯ 무우가 수학 학원을 가는 날

◯ 상상이가 수학 학원을 가는 날

5 정답 및 풀이

연습문제 09 .... P. 106

[정답] 2시 40분

[풀이 과정]

1) 무우는 8시 30분에 등교했으므로 9시 정각에 종소리 9번을 들었습니다.

그 후, 10시 정각에 종소리 10번, 11시 정각에 종소리 11번, 12시 정각에 종소리 12번 ⇒ 종소리는 총 9 + 10 + 11 + 12 = 42번입니다.

남은 종소리가 45 - 42 = 3번이므로 1시 정각과 2시 정각에 각각 1번과 2번의 종소리를 들으면 됩니다. 무우는 2시 정각까지 종소리를 들었습니다.

2) 무우가 하교할 때, 긴바늘이 8이므로 40분을 나타냅니다. 따라서 무우는 2시 40분에 하교했습니다. (정답)

연습문제 10 .... P. 106

[정답] ㉡, ㉣, ㉤

[풀이 과정]

1) 9월 22일이 수요일이므로 그림과 같이 달력에 7일씩 더하고 빼면서 나머지 날짜의 요일을 찾습니다.

2) 파란색 칸은 모두 수요일이고 노란색 칸은 각각 토요일과 일요일입니다. 따라서 같은 요일이 아닌 것은 ㉡, ㉣, ㉤ 입니다. (정답)

8월

월	화	수	목	금	토	일
23	24	25	26	27	28	29
30	31					

㉠ <8월 달력>

9월

월	화	수	목	금	토	일
		1	2	3	4	5
		8				
	+7	15	-7			
		22	-7			
		29	30			

<9월 달력> ㉣

10월

월	화	수	목	금	토	일
				1	2	3
4	5	6	7	8	9	10
	+7	13				
	+7	20				
	+7	27	28	29	30	31

㉥ <10월 달력> ㉡

11월

월	화	수	목	금	토	일
1	2	3	4	5	6	7
8	9	10	11	12	13	14

㉢ ㉤

<11월 달력>

연습문제 11 .... P. 107

[정답] 월요일

[풀이 과정]

1) 찢어진 7월 달력의 날짜를 모두 적습니다.

방학식은 평일이므로 주말인 토요일과 일요일의 날짜에 모두 X 표시 합니다.

숫자 6이 들어간 날짜가 방학식이 아니므로 모두 X 표시 합니다.

각 자리 숫자의 차가 5인 날짜는 27일 밖에 없습니다.

2) 따라서 무우네 학교 방학식은 월요일입니다. (정답)

7월

일	월	화	수	목	금	토
			1	2	3	~~4~~
~~5~~	~~6~~	7	8	9	10	~~11~~
~~12~~	13	14	15	~~16~~	17	~~18~~
~~19~~	20	21	22	23	24	~~25~~
~~26~~	㉗	28	29	30	31	

연습문제 12 ········· P. 107

[정답] 시계 ㉤

[풀이 과정]

1) 시계의 각 시각을 구합니다. 가장 빠른 시각은 시계 ㉠이고 가장 느린 시각은 시계 ㉡입니다.
2) 어떤 시계는 25분 빠르므로 가장 빠른 시각인 시계 ㉠에서 긴바늘이 반 시계 방향으로 5칸 이동하면 12시 30분이 됩니다.
3) 다른 조건을 보면 어떤 시계는 20분 느리므로 가장 느린 시각인 시계 ㉡에서 4칸 이동하면 똑같이 12시 30분이 됩니다.
4) 따라서 정확한 시계는 ㉤입니다. (정답)

㉠ ⇒ 12시 55분 ▲ 25분 빠릅니다. ㉡ ⇒ 12시 10분 ▲ 20분 느립니다. ㉢ ⇒ 12시 20분 ▲ 10분 느립니다.

㉣ ⇒ 12시 45분 ▲ 15분 빠릅니다 ㉤ ⇒ 12시 30분 ▲ 정확한 시계

심화문제 01 ········· P. 108

[정답] 23번

[풀이 과정]

1) 오전 10시부터 오전 10시 59분까지 숫자 0과 1만 나와야 합니다.

   ⇒ 10 : 00, 10 : 01, 10 : 10, 10 : 11으로 총 4번 나옵니다.

2) 오전 11시에는 숫자 1을 포함한 숫자 0부터 9까지 될 수 있습니다.

   ⇒ 11 : 00, 11 : 01, 11 : 10, 11 : 22, 11 : 33, 11 : 44, 11 : 55으로 7번 나옵니다.

   ⇒ 11 : 12, 11 : 13, 11 : 14, 11 : 15, 11 : 16, 11 : 17, 11 : 18, 11 : 19으로 8번 나옵니다.

   ⇒ 11 : 21, 11 : 31, 11 : 41, 11 : 51으로 4번 나옵니다.

   오전 11시부터 오전 11시 59분까지 7 + 8 + 4 = 19번 나옵니다.

3) 따라서 디지털 시계에서 숫자 두 가지만 나오는 시각은 총 4 + 19 = 23번입니다. (정답)

심화문제 02 ········· P. 109

[정답] 51

[풀이 과정]

1) 달력과 같이 화살표에 따라 파란색 칸은 6씩 커집니다.
2) <그림>에서도 ㉠, ㉡, ㉢은 6씩 커집니다.

   ㉠가 □ 일 때, ㉡는 □ + 6이고 ㉢ 는 □ + 6 + 6이 됩니다.

   □ + □ + 6 + □ + 6 + 6 = 27이므로 □ + □ + □ = 9입니다. □ = 3입니다.

   ㉠ = 3, ㉡ = 9, ㉢ = 15입니다.

3) 달력에 ㉠, ㉡, ㉢을 찾아 초록색 칸으로 색칠하면 노란색 칸인 ㉣과 ㉤을 찾을 수 있습니다. ㉣ = 17, ㉤ = 25입니다.
4) 따라서 ㉡ + ㉣ + ㉤ = 9 + 17 + 25 = 51입니다. (정답)

1월

월	화	수	목	금	토	일
	1	2	3	4	5	6
7	8	9	10	11	12	13
14	15	16	17	18	19	20
21	22	23	24	25	26	27
28	29	30	31			

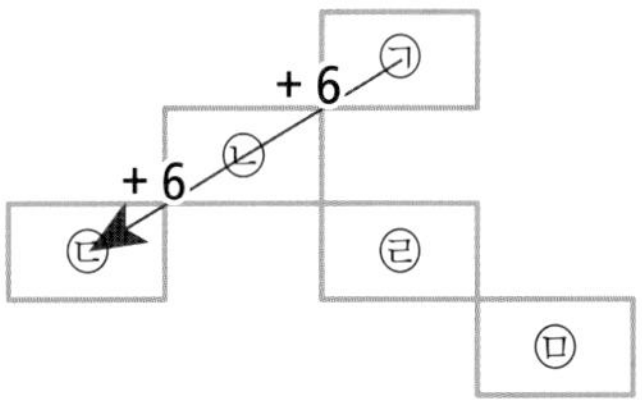

<그림>

심화문제 **03** .... P. 110

[정답] ㉠ = 15

[풀이 과정]

1) 9월 달력에서 초록색 화살표를 따라 날짜는 8씩 커지고 빨간색 화살표에 따라 날짜는 6씩 커집니다.

2) <그림>에서 ㉠을 기준으로 초록색과 빨간색 화살표에 따라 ⓐ = ㉠ - 8, ⓑ = ㉠ - 6, ⓒ = ㉠ + 6, ⓓ = ㉠ + 8이 됩니다.

3) 파란색 칸의 합이 60이므로 ㉠ - 8 + ㉠ - 6 + ㉠ + 6 + ㉠ + 8 = ㉠ + ㉠ + ㉠ + ㉠ = 60입니다. 따라서 ㉠은 15입니다. (정답)

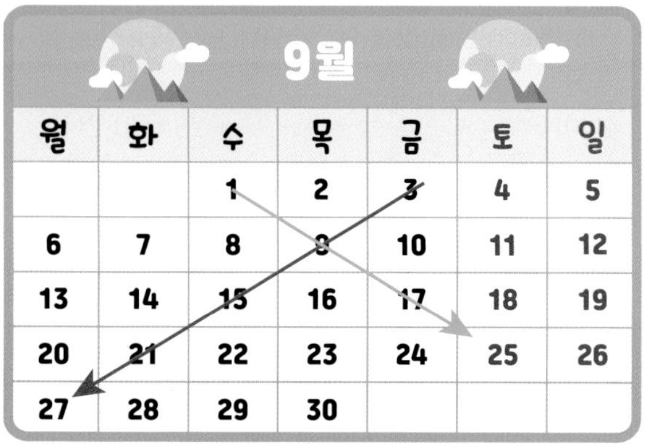

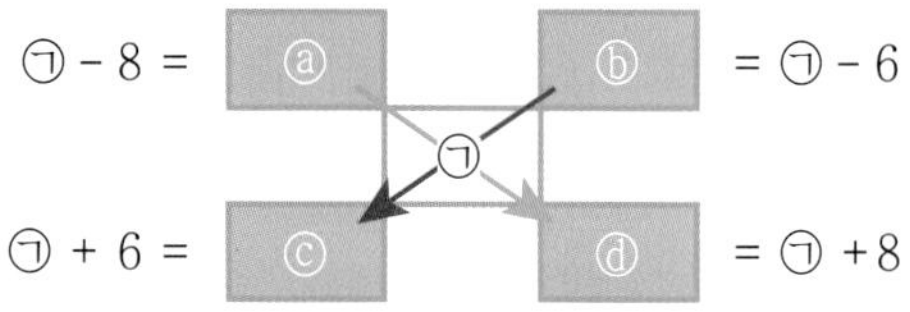

<그림>

심화문제 **04** .... P. 111

[정답] 10시 10분

[풀이 과정]

1) <표>와 같이 (가) 시계가 30분씩 지날수록 (나) 시계는 25분씩 지나게 됩니다. (가)와 (나) 시계의 시각의 차는 5씩 커집니다.

2) 따라서 (가) 시계가 11시이면 (나) 시계는 50분 차이가 나므로 10시 10분입니다. (정답)

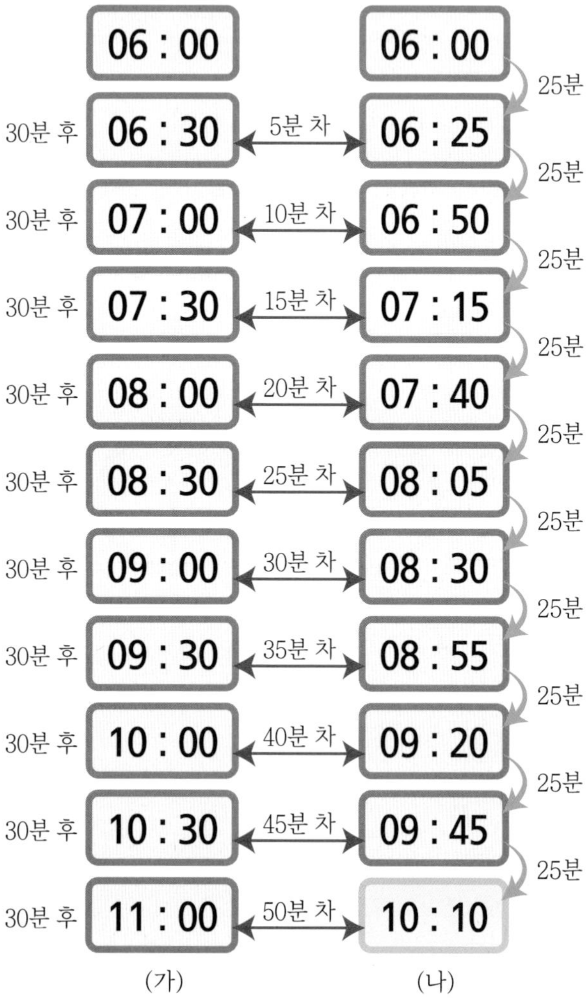

창의적문제해결수학 **01** .... P. 112

[정답] 풀이 과정 참조

[풀이 과정]

1) 무우가 오전 8시 정각에 씨앗을 심었으므로 30분 후인 오전 8시 30분에 첫 번째 물을 줍니다.

2) 두 번째 물을 주는 시각은 첫 번째 시각에서 작은 바늘이 8칸 이동해 오후 4시 30분이 됩니다.

3) 세 번째 물을 주는 시각은 두 번째 물을 준 뒤 7시간 후와 같습니다. 두 번째 시각에서 작은 바늘이 7칸 이동하여 세 번째 물을 주는 시각은 오후 11시 30분입니다.

4) 네 번째 물을 주는 시각은 세 번째 시각에서 작은 바늘이 10칸 이동해 오전 9시 30분입니다.

5) 물을 주는 날짜는 첫 번째부터 세 번째까지 10월 3일 일요일이고 네 번째 물만 하루가 지나 10월 4일 화요일입니다.

6) 따라서 <표>와 같이 빈칸에 알맞은 날짜와 시각을 적어 완성할 수 있습니다.

▲ 첫 번째 물 주는 시각
6칸 (긴 바늘)

▲ 두 번째 물 주는 시각
8칸 (작은 바늘)

▲ 세 번째 물 주는 시각
7칸 (작은 바늘)

▲ 네 번째 물 주는 시각
10칸 (작은 바늘)

	물 주는 날짜
첫 번째 물	10월 3일 일요일
두 번째 물	10월 3일 일요일
세 번째 물	10월 3일 일요일
네 번째 물	10월 4일 월요일

	물 주는 시각
첫 번째 물	(오전, 오후) 8시 30분
두 번째 물	(오전, 오후) 4시 30분
세 번째 물	(오전, 오후) 11시 30분
네 번째 물	(오전, 오후) 9시 30분

<표>

창의적문제해결수학 02 ······ P. 113

[정답] 25분 30초

[풀이 과정]

1) 제이의 손목시계를 보면 현재 시각은 오전 10시 20분 10초입니다.

공항을 가는 데 45분 10초가 걸리므로 긴바늘은 9칸, 짧은바늘은 한 칸, 초 바늘은 2칸 이동합니다.

공항에 도착하는 시각은 11시 5분 20초입니다.

2) 비행기를 타는 시각이 오전 11시 30분 50초입니다.

비행기를 타는 시각과 도착한 시각의 차를 구하면 공항에서 기다려야 하는 시각이 나옵니다.

공항에 도착한 시각에서 긴바늘이 5칸을 이동한 5 × 5 = 25분과 초 바늘이 6칸을 이동한 6 × 5 = 30초를 지나야 비행기를 타는 시각이 됩니다.

3) 따라서 공항에서 기다려야 하는 시각은 25분 30초입니다.

(정답)

▲ 현재 시각
⇒ 10시 20분 10초

▲ 공항에 도착한 시각
⇒ 11시 5분 20초

▲ 비행기 출발 시각
⇒ 11시 30분 50초

MEMO

영재들의 수학여행

Math Travel

창의영재수학

아이앤아이

무한상상

무한상상 카페 **cafe.naver.com/creativeini**

창의영재수학

아이앤아이

무한상상 교재 활용법

무한상상은 상상이 현실이 되는 차별화된 창의교육을 만들어갑니다.

아이앤아이 시리즈

특목고, 영재교육원 대비서

	아이앤아이 영재들의 수학여행	아이앤아이 꾸러미	아이앤아이 꾸러미 120제	아이앤아이 꾸러미 48제	아이앤아이 꾸러미 과학대회	창의력과학 아이앤아이 I&I
	수학 (단계별 영재교육)	수학, 과학	수학, 과학	수학, 과학	과학	과학
6세~초1	출시 예정 수, 연산, 도형, 측정, 규칙, 문제해결력, 워크북 (7권)					
초 1~3	 수와 연산, 도형, 측정, 규칙, 자료와 가능성, 문제해결력, 워크북 (7권)		 수학, 과학 (2권)	 수학, 과학 (2권)		
초 3~5	출시 예정 수와 연산, 도형, 측정, 규칙, 자료와 가능성, 문제해결력 (6권)				 과학토론 대회, 과학산출물 대회, 발명품 대회 등 대회 출전 노하우	
초 4~6	출시 예정 수와 연산, 도형, 측정, 규칙, 자료와 가능성, 문제해결력 (6권)					
초 6						
중등	출시 예정 수와 연산, 도형, 측정, 규칙, 자료와 가능성, 문제해결력 (6권)		 수학, 과학 (2권)	 수학, 과학 (2권)		 물리(상,하), 화학(상,하), 생명과학(상,하), 지구과학(상,하) (8권)
고등					과학토론 대회, 과학산출물 대회, 발명품 대회 등 대회 출전 노하우	